fique por dentro da

ECOLOGIA

Fique por dentro da

ECOLOGIA

DAVID BURNIE

Cosac & Naify

Título original em inglês: *Get a Grip on Ecology*

Direitos para publicação no Brasil adquiridos por
Cosac & Naify Edições Ltda.
Rua General Jardim, 770 2.º andar
Santa Cecília CEP 01223-010 São Paulo - SP
T (55 11) 255 8808 F (55 11) 255 3364
info@cosacnaify.com.br

Este livro foi concebido, projetado e produzido por The Ivy Press Limited, 2-3 St Andrews Place Lewes, East Sussex BN7 1UP, Inglaterra
Diretor de Arte: Peter Bridgewater
Designer: Angela Neal
Editor: Peter Leek
Ilustrações: Andrew Kulman

Tradução: Denise Sales
Revisão técnica: Maria Cecília Guerrazzi, doutora em Zoologia pela UNESP e mestre em Ecologia pela UNICAMP.

Catalogação na Fonte do Departamento Nacional do Livro
Fundação Biblioteca Nacional

Burnie, David
Fique por dentro da Ecologia
Título original: *Get a Grip on Ecology*
São Paulo, Cosac & Naify Edições 2001

ISBN 85-7503-038-8
CDD: 507/375.500

1. Ensino da Ciência 2. Estudo da Ciência
3. Ensino da Ciência na escola secundária

Impresso em Hong Kong para Cosac & Naify Edições, em 2001.

SUMÁRIO

INTRODUÇÃO

O QUE É ECOLOGIA?

★ Cinqüenta anos atrás, pouca gente tinha ouvido falar em ecologia e quase ninguém sabia o significado dessa palavra. Poucas décadas mais tarde, a ecologia transformou-se em um termo da moda: produtos de consumo proclamam suas credenciais "ecológicas", e um grande número de pessoas classifica-se como "ecologicamente consciente". No entanto, embora já faça parte de nosso dia-a-dia, a palavra ecologia ainda é muito mal compreendida.

Uma nova ciência

Ernst Heinrich Haeckel (1834-1919) foi um dos mais destacados naturalistas da Alemanha do século XIX e um dos primeiros defensores da teoria da evolução. No início estudou medicina, depois interessou-se pela biologia marinha e, por fim, tornou-se professor de zoologia na Universidade de Jena. Era um artista talentoso e ganhou fama com sua monografia, lindamente ilustrada, sobre Radiolários – grupo de organismos plantônicos unicelulares protegidos por esqueletos vítreos feitos de sílica.

COMO TUDO COMEÇOU

★ A palavra ecologia – ou *Oecologie* em sua forma alemã – foi criada em 1866 pelo naturalista **Ernst Haeckel**. Ele a inventou combinando as palavras gregas *oikos*, que significa casa ou família, e *logos*, que designa qualquer tipo de estudo. Literalmente, ***ecologia significa o estudo da casa***.

★ Levando em conta essa definição, a ecologia parece não ter muito a ver com o mundo natural. No entanto, o conceito de Haeckel sobre *oikos* estava bastante ligado ao seu interesse pelos seres vivos. Em meados do século XIX, animais e vegetais costumavam ser estudados de forma isolada; pouca atenção era dada à forma como eles se relacionavam com o ambiente

Ernst Haeckel

ao seu redor. O novo ramo biológico fundado por Haeckel propunha algo diferente. Em vez de tratar diferentes espécies como unidades isoladas, a ***Oecologie* examina o modo como elas interagem** com o ambiente físico ou "familiar" e com outras espécies ao seu redor.

MUDANÇA DE RUMO

* No início, era raro a ecologia virar manchete. Ao contrário dos físicos e químicos, os ecólogos trabalhavam com objetos difíceis de medir e muitas de suas conclusões não eram fáceis de serem comprovadas. Apesar dessas dificuldades, a pesquisa na área da ecologia foi, aos poucos, provocando uma mudança na forma de pensar em biologia. Mostrou que os seres vivos estão ligados de maneiras sutis e imprevistas, e que qualquer ruptura nessas ligações pode ter resultados importantes e, em geral, desastrosos.

* Na segunda metade do século XX, a mudança tecnológica e o rápido crescimento da população humana provocou uma ruptura nos sistemas naturais em uma extensão jamais vista. Foi então que o interesse pela ecologia explodiu. Após viver alguns anos nas sombras, a ecologia tornou-se parte essencial da ciência da vida.

FORÇAS DO MERCADO

Existe relação entre ecologia e economia? A resposta – além da origem comum (palavra grega *oikos*) – é "bastante". Ecólogos e economistas, em geral, estudam os mesmos tópicos, mas em contextos diferentes, como a disponibilidade de recursos, a oferta e a demanda, a competição e os custos envolvidos na aquisição de determinados benefícios. Na natureza, os custos são pagos em energia e recursos; no mundo humano, em dinheiro.

que tipo de hábitat é esse?

ecologia é o estudo dos ambientes naturais

Boa vida

O escritor e naturalista escocês **John Muir** (1838-1914) foi um dos primeiros e mais famosos ambientalistas americanos. Após estudar na Universidade de Wisconsin, conseguiu um emprego em uma loja de consertos de carruagens, mas ficou temporariamente cego por causa de um acidente. Quando se recuperou, abandonou o trabalho e começou a explorar o continente norte-americano, atravessando a pé a maior parte dele. Nessas viagens, apaixonou-se pela Serra Nevada, na Califórnia – "a cadeia de montanhas mais maravilhosa que já vi" –, e tornou-se um entusiasmado defensor de sua preservação como reserva natural. John Muir fundou o SIERRA CLUB em 1892 e desempenhou um papel fundamental ao persuadir o governo dos Estados Unidos a transformar o Yosemite Valley, Califórnia, em PARQUE NACIONAL.

EM CONTATO COM A TERRA

★ Ecologia e ambientalismo são duas coisas diferentes. Uma é o estudo científico da vida em seu ambiente natural; a outra é a defesa da preservação do meio ambiente, protegendo-o das ameaças representadas pelo homem. Na prática, as duas estão muito ligadas, pois a ecologia fornece informações sobre como a destruição do meio ambiente afeta os seres vivos e ajuda a descobrir como isso poderia ser corrigido.

A VIDA ESPORTIVA

★ No começo da ecologia, quase não havia preocupação com o meio ambiente. A maioria dos naturalistas – inclusive Ernst Haeckel – não se importava com a matança de animais com o objetivo de estudá-los. A coleta de espécimes era uma atividade quase obsessiva; milhares de pássaros, mamíferos e borboletas eram empalhados, tinham suas

matar animais a fim de estudá-los não era um problema para os naturalistas do século XIX

Mamãe, por que eles não se mexem?

peles arrancadas e eram alfinetados para serem expostos. Em uma viagem ao Himalaia, um destacado coletor de plantas, o botânico inglês **Joseph Hooker**, incumbiu seus carregadores indianos de percorrer a floresta buscando espécies raras de orquídeas. Não satisfeito com essa destruição, Hooker espalhou, para outros entusiastas das orquídeas, que essa era uma ótima maneira de ganhar dinheiro.

colecionar cabeças de animais como troféus era um passatempo popular

CONSERVAR E PRESERVAR

★ No fim do século XIX, a tradição de tratar a vida selvagem como fonte inesgotável de recursos continuou; grandes felinos, búfalos e outros animais foram sendo dizimados. A partir daí, no entanto, começou a ficar evidente que a natureza não iria se recuperar de alguns desses reveses. Prova disso foi a quase extinção do búfalo norte-americano: seu número baixou de quase dez milhões em 1800 para pouco mais de mil, 80 anos mais tarde.

★ No início do século XX, fatos desse tipo provocaram o surgimento de novas atitudes em relação ao mundo natural. Uma delas foi pragmática: para explorar os recursos naturais, é preciso preservá-los. A segunda atitude – chamada de PRESERVACIONISMO – envolveu uma mudança mais profunda no modo de pensar: a idéia de que a natureza possui um valor próprio simplesmente pelo fato de existir. Essas duas visões constituem parte importante do ambientalismo atual.

PALAVRAS-CHAVE

CONSERVAÇÃO: administração dos recursos naturais de forma a minimizar o impacto humano.

PRESERVAÇÃO: proteção dos ambientes vivos e de seus habitantes naturais evitando a interferência humana.

você vai acabar me levando à extinção!

búfalo norte-americano

"Era uma primavera sem vozes. Pelas manhãs, que outrora haviam vibrado com o coro matinal dos papo-roxos, dos tordos-dos-remedos, dos pombos, dos gaios, das corruíras, e de vintenas de outras aves canoras, não havia, agora, som algum: só o silêncio pairava sobre os campos, as matas e os pantanais."
[de Primavera silenciosa]

SILÊNCIO PRIMAVERI

★ O moderno movimento de defesa do meio ambiente remonta ao começo dos anos 60, com a publicação do best seller *Silent Spring* (Primavera silenciosa). Escrito por Rachel Carson, naturalista e ecóloga norte-americana, o livro alertava para o futuro de um mund envenenado por pesticidas sintéticos, onde o canto dos pássaros seria apenas uma lembrança. Numa época em que os valores estabelecidos já estavam sob ataque, o livro de Carson causou impacto.

lagarta

VOZ DE PROTESTO

Rachel Carson (1907-1964) nasceu na Pensilvânia. Ela estudou biologia marinha e trabalhou para o US Fish and Wildlife Service, inicialmente como editora científica e depois como chefe de publicações. Em 1952, Carson terminou o livro *The Sea Around Us*, confirmando sua presença como escritora científica. A publicação de *Silent Spring*, dez anos mais tarde, levou uma indústria química a denunciá-la como alarmista – acusação que ela sempre negou com firmeza.

GRITO DE ALERTA

★ Rachel Carson escreveu *Silent Spring* em uma década na qual os efeitos de longo prazo dos novos BIOCIDAS estavam apenas começando a aparecer. O DDT, um dos mais utilizados, havia confirmado sua ação extremamente eficaz na erradicação de pragas de insetos e havia evitado um surto de epidemias causadas por insetos após o fim da Segunda Guerra.

★ Infelizmente, os fatos mostraram que o DDT prejudicou um grande número de animais, e não só aqueles que deveriam ser mortos. Em alguns casos, a morte foi causada o efeito destrutivo do DDT atuou de forma indiscriminada

por envenenamento direto; em outros, o biocida agiu de modo mais tortuoso. Pelicanos e falcões, por exemplo, não se reproduziam porque o DDT os impedia de formar cascas de ovos normais. Quando os pássaros acomodavam-se para chocar seus ovos, as frágeis cascas se quebravam, matando em minutos ninhadas inteiras.

h...
ntão
i por
so...

NÃO DÁ PRA FUGIR

★ *Silent Spring* ajudou a divulgar as ameaças específicas dos pesticidas orgânicos, mas também revelou uma mudança perturbadora na forma como as atividades humanas afetavam o meio ambiente. Até o século XX, a poluição era um fenômeno tipicamente regional: qualquer local distante das cidades e das fábricas estava distante dos poluentes. Com o desenvolvimento de produtos químicos como o DDT, esse vínculo regional foi quebrado. ***O DDT revelou-se extremamente* RESISTENTE *e espalhava-se facilmente pelo solo, ar, água e seres vivos***. Em alguns anos, essa combinação de características possibilitou que se espalhasse das fazendas para os oceanos abertos e até mesmo para a Antártida..

★ ***O trabalho de Rachel Carson mostrou que o meio ambiente não pode ser dividido em compartimentos autônomos***. Proteger o meio ambiente significa proteger toda a BIOSFERA – o conjunto de todos os lugares onde os seres vivos são encontrados.

DDT

O DDT pertence à família dos produtos químicos conhecidos como HIDROCARBONOS CLORADOS. Foi sintetizado em 1873, mas sua capacidade de matar insetos só foi descoberta em 1939, pelo químico suíço **Paul Müller.**

PALAVRAS-CHAVE

BIOCIDA: qualquer produto químico usado para matar pragas animais ou vegetais.

ORGÂNICO: em química, composto orgânico é o que contém carbono. Pode ser natural ou feito pelo homem. A mesma palavra é usada em um contexto diferente para indicar o alimento produzido sem o uso de fertilizantes ou biocidas sintéticos.

os ecólogos estudam todos os aspectos dos seres vivos

APRESENTANDO A BIOSFERA

* Um matemático pode ser só um matemático, mas ser apenas um ecólogo é praticamente impossível. Isso porque a ecologia investiga complexas interações entre os mundos dos seres vivos e não-vivos, e recorre a muitas outras ciências em suas pesquisas. Essas interações têm algo em comum: acontecem dentro da biosfera - a soma de todos os locais onde podem ser encontrados organismos vivos.

A VIDA DENTRO DA TERRA

Perfurações experimentais mostraram que as bactérias sobrevivem em poros de rochas a profundidades de quase 3 km. O principal fator que limita essa profundidade é o calor, que aumenta à medida que nos aproximamos do núcleo da Terra. No fundo do mar, onde o aumento da temperatura é mais gradual, algumas bactérias sobrevivem em profundidades de até 7 km.

AS VAGAS FRONTEIRAS DA VIDA

* Imagine uma folha de papel aderente envolvendo uma bola de futebol e você terá uma idéia da espessura da biosfera comparada com o resto do planeta. A biosfera é assim tão fina porque os seres vivos precisam de água líquida e só podem sobreviver dentro de uma determinada faixa de temperatura. Isso significa que a atmosfera externa e o núcleo planetário da Terra são áreas fora desse limite.

* No entanto, seja qual for o local, é difícil definir com precisão as fronteiras da biosfera. No passado, pensava-se que a vida na Terra era bastante superficial; quase todos os seres

viveriam apinhados na superfície ou próximo dela. Em época mais recente, ficou claro que os micróbios às vezes flutuam nas alturas e há bactérias vivendo em rochas porosas no subsolo, a vários quilômetros da superfície. Essas descobertas expandiram ainda mais os limites da biosfera.

TÁTICAS DIVERSIONÁRIAS

★ Mesmo se não existisse vida na Terra, a energia no interior e no exterior do planeta continuaria se movimentando. Mas na biosfera a presença de vida faz com que tudo seja muito mais complexo. Os seres vivos extraem parte da energia ao seu redor para atender a suas próprias necessidades. Essa energia produz um conjunto de CICLOS BIOGEOQUÍMICOS que transportam elementos entre os mundos interligados da matéria viva e não-viva.

★ ***Em relação à energia, o planeta Terra é um sistema aberto, que recebe e devolve energia para o espaço***. No que diz respeito às matérias-primas da vida, no entanto, a Terra é um sistema bastante fechado. Isso significa que os seres vivos não podem trabalhar como uma empresa de mineração, esgotando as reservas de uma área e partindo para outra. Eles constantemente precisam reciclar as reservas disponíveis. Essa reciclagem criou processos interligados que modelam toda a vida no planeta.

Terra alternativa
Em 1991, um grupo de oito cientistas fixaram residência na **"Biosfera 2"** – "mundo" autocontrolado construído no deserto de Sonora. Cobrindo cerca de 1 ha, o complexo de estufas de vidro e alojamentos tinha animais e vegetais selecionados, vivendo em uma atmosfera umidificada por um "oceano" em miniatura. Depois de um início promissor, o experimento – programado para durar dois anos – foi perdendo o rumo à medida que os níveis de dióxido de carbono subiram e as plantações foram atacadas pelas pragas. O grupo saiu da experiência com a saúde relativamente boa, mas mostrando as dificuldades envolvidas na criação de um sistema equilibrado permanente.

a biosfera é uma fina camada existente ao redor da Terra

MATÉRIA EM MOVIMENTO

*** Existem mais de 90 elementos químicos na Terra. Entre eles, pouco mais de 20 são essenciais para a vida. Esses elementos circulam constantemente entre as matérias viva e não-viva, seguindo caminhos conhecidos como CICLOS BIOGEOQUÍMICOS. Algumas etapas desses ciclos são concluídas numa fração de segundos, outras levam milhões de anos.**

Nem tão vital assim

No passado, os químicos acreditavam que as substâncias existentes nos seres vivos tinham "força vital" que as diferenciava da química da matéria não-viva. A doutrina – VITALISMO – recebeu um duro golpe em 1828, quando o químico alemão **Friedrich Wöhler** produziu uréia, substância encontrada na urina, a partir do cianato de amônio, sal inorgânico. Por volta de 1860, os químicos já haviam descoberto como SINTETIZAR produtos químicos orgânicos a partir de substâncias inorgânicas.

Friedrich Wöhler

existem quatr elementos essenciais par os seres vivo

CARBONO: A CHAVE

* Os elementos essenciais para a vida compõem uma cesta variada. Entre eles, há metais como ferro, cobre, cromo e zinco, combinados com não-metais como enxofre, cloro e iodo. *Os seres vivos usam muito pouco da maioria deles, mas dependem de quantidades significativas dos "quatro grandes" – os três gases: hidrogênio, oxigênio e nitrogênio, e o carbono, elemento-chave da vida.*

* O fornecimento de carbono da Terra está dividido em quatro depósitos diferentes – a crosta terrestre, o mar, a atmosfera e os seres

os elementos essenciais para a vida compõem uma cesta variada

vivos. De longe, é na crosta terrestre que fica a maior porção dos recursos desse elemento. Na atmosfera, onde existe a menor porção, estão meros 650 bilhões de toneladas. Os vegetais tiram o dióxido de carbono do ar à medida que crescem, e os animais o liberam quando respiram. Juntos, podem renovar o suprimento inteiro de carbono da atmosfera a cada 4 anos e meio.

LONGO DESVIO

★ Quando um animal respira, o carbono é lançado de um ciclo para outro de forma quase instantânea. Mas quando os restos de seres vivos são queimados, o carbono pode ser transformado em combustível fóssil, ficando isolado do resto do ciclo por períodos imensos. Esse depósito de carbono é como uma conta bancária que, durante milhões de anos, vê entrar muito mais dinheiro que sair. Por isso, contém muito mais carbono do que todos os seres vivos hoje.

★ Pelo menos essa era a maneira como as coisas funcionavam até os seres humanos entrarem na jogada. ***Queimando os combustíveis fósseis, intensificamos o fluxo de carbono da crosta terrestre para o ar, transformando-a de maior reserva de carvão para a menor. Esse processo tem sido rapidamente acelerado nos últimos 200 anos, e – como veremos mais tarde – os resultados estão começando a surgir.***

PALAVRA-CHAVE

CICLO BIOGEOQUÍMICO: movimento cíclico de qualquer elemento pela atmosfera, os oceanos, a crosta terrestre e os seres vivos.

POR QUE O CARBONO?

O carbono domina a química da vida porque seus átomos têm uma capacidade excepcional para fazer ligações, não só entre si, mas com átomos de outros elementos. O carbono pode formar milhões de moléculas diferentes, com propriedades químicas específicas.

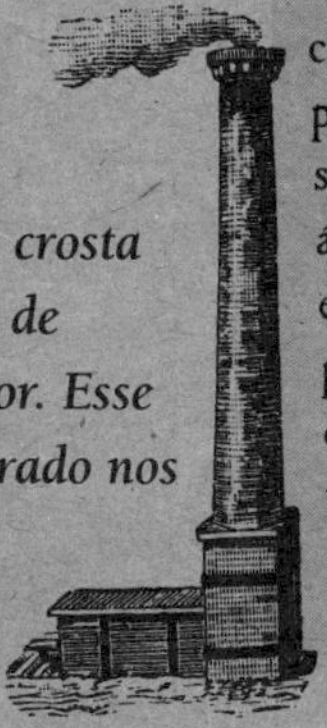

lançando o carbono na atmosfera

HÁ ALGO NO AR

★ No famoso poema de Samuel Taylor, *The Rime of the Ancient Mariner* (A rima do antigo marinheiro), a tripulação de um navio à deriva é torturada pela sede enquanto um oceano de água estende-se à sua volta. Trocando a água por nitrogênio, você tem uma idéia da situação enfrentada por animais e vegetais tentando obter um elemento crucial.

Parceiros perfeitos

Muitos vegetais abrigam bactérias que fixam o nitrogênio, mas ervilhas e seus parentes são particularmente bons nisso, pois aceitam essas bactérias sem restrição. Conhecidos como leguminosas, esses vegetais fertilizam o solo com nitrogênio enquanto crescem e também depois que morrem. No terceiro século a.C., o filósofo grego **Teofrasto** registrou como as leguminosas eram usadas para melhorar a fertilidade do solo. Apesar do advento dos fertilizantes artificiais, elas ainda são cultivadas com esse fim.

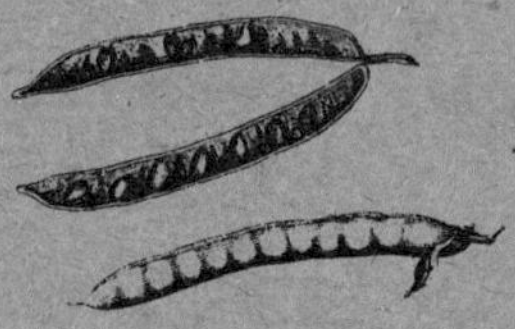

as ervilhas são boas hospedeiras das bactérias que fixam o nitrogênio

até mesmo o grandes anima dependem da bactérias qu fixam o nitrogênio

HUMILDE MAS ÚTIL

★ O nitrogênio é um ingrediente essencial de PROTEÍNAS E ÁCIDOS NUCLEICOS – moléculas grandes e altamente complexas encontradas em todos os seres vivos. Constitui quase quatro quintos do volume da atmosfera, portanto, nunca está em falta. Por isso mesmo, parece incrível que animais e vegetais nunca tenham desenvolvido formas de exploração direta do nitrogênio. Eles só conseguem usar esse elemento depois que é "fixado" ou convertido em compostos de nitrogênio.

★ Uma das formas de fixação do nitrogênio é o aquecimento por raios. A rápida descarga de um raio aumenta a temperatura do ar cerca de milhares de graus, fornecendo energia suficiente para que nitrogênio e oxigênio se combinem. Depois, a chuva varre os compostos de nitrogênio para o solo. Mas para a vida em geral, os mais importantes FIXADORES DE NITROGÊNIO são, de longe, um pequeno grupo de bactérias altamente especializadas. Sem elas, o nitrogênio pronto para o uso desapareceria e grande parte da vida teria fim.

PALAVRA-CHAVE

FATOR LIMITANTE: qualquer fator físico ou químico cuja carência impede o crescimento normal de vegetais ou de outros seres vivos.

HOSPEDAGEM PAGA

* Esses integrantes-chave do ciclo do nitrogênio vivem de duas maneiras. Alguns existem de forma independente no solo ou na água; a maioria vive em parceria com os vegetais, crescendo sobre suas raízes ou dentro delas. As bactérias abastecem seus hospedeiros vegetais com o nitrogênio pronto para ser usado. Em troca, as hospedeiras fornecem às bactérias alimento rico em energia e ambiente seguro. Quando os animais comem os vegetais, o nitrogênio vai junto.

o uso de fertilizantes artificiais pode ter resultados dramáticos

* Em muitas partes do mundo, uma carência de nitrogênio pronto para ser usado é um dos principais fatores que retardam o crescimento dos vegetais; outro fator é a carência de fósforo. Fazendeiros e ecólogos já descobriram que, quando um desses FATORES LIMITANTES é eliminado – por exemplo, por meio da *adição de fertilizantes artificiais –, os resultados são incríveis. Mas, o uso de fertilizantes também pode criar problemas ambientais de difícil solução.*

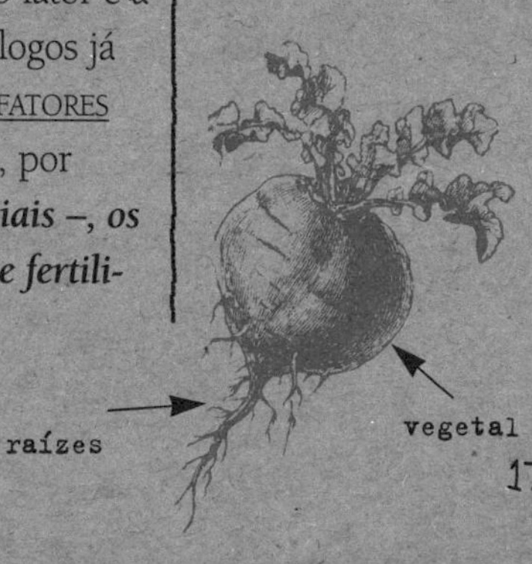

seres vivos precisam de água para sobreviver

ABORDAGEM FLUIDA

★ Em algum momento, todos os ciclos biogeoquímicos envolvem a água, pois ela constitui o ambien te fluido existente no interior d todo ser vivo. Mas a água também se move em seu próprio ciclo. cada ano, meio bilhão de quilômetros cúbicos de água dos oceanos evapora no ar, criando a chuva que, por sua vez, possibilita a sobrevivência da vida estabelecida na terra.

Impurezas que dão vida

Na natureza, é difícil encontrar água pura. Mesmo em boas condições, a água da chuva contém substâncias dissolvidas, como os nitratos gerados pelos raios. Algumas formas de vida – inclusive os vegetais que crescem no alto das árvores – dependem desses produtos químicos dissolvidos como fonte de nutrientes.

é preciso repor a água todos os dias

O FLUXO DA VIDA

★ Comparada com a quantidade total de água envolvida no ciclo da água, a proporção mantida na matéria viva é insignificante. Por exemplo, a água da população humana inteira atinge cerca de 200 milhões de metros cúbicos – quase a mesma quantidade que desce o Amazonas a cada 20 minutos. Mas comparada ao nitrogênio e a muitos outros elementos, a água, depois que percorre seu caminho pelo tecido vivo, não fica por ali durante muito tempo. A maioria dos seres vivos repõe uma parte significativa de sua água diariamente, e quanto menor for o ser, mais rapidamente esse processo será reiniciado. Portanto, a quantidade total de água que passa pelos seres vivos é incrivelmente alta.

ABRINDO AS TORNEIRAS

os humanos usam a água para muitas outras coisas, não só para sobreviver

★ Esse fato paradoxal significa que, só pelo fato de estarem vivos, os seres podem ter um impacto substancial nas fases locais do ciclo da água. Um camelo ou um cacto não provocam alterações no ciclo da água do deserto, pois o peso total da vida animal e vegetal no deserto é pequeno. Mas em uma floresta, onde o peso total dos seres vivos é maior, seu efeito no ciclo da água é muito mais significativo. As florestas são esponjas vivas, absorvendo a chuva depois de sua queda e liberando-a de novo no ar em forma de vapor. Uma grande floresta pode fazer isso em tão larga escala que acaba determinando o clima local.

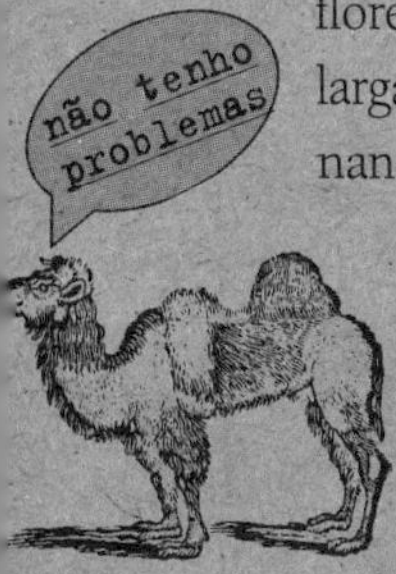

★ *Quando os seres humanos entram nesse quadro, o impacto no ciclo da água aumenta. Isso porque usamos a água na agricultura, na indústria e para nossa própria sobrevivência. Nos países desenvolvidos, essa água extra excede as necessidades biológicas humanas centenas de vezes, o que explica porque – em um planeta inundado de água – nosso impacto em seu ciclo é agora sentido globalmente.*

ÁGUAS ANCESTRAIS

Depois de cair como chuva, a água pode percorrer dois caminhos para voltar ao mar – por cima da terra ou através dela. ***Comparada com a água da superfície, a do subsolo com freqüência flui muito lentamente, movendo-se às vezes a menos de um metro por ano.*** Em algumas partes do planeta, como nas regiões das Altas Planícies (EUA), a rocha subjacente contém água "fóssil" de chuvas de milhares de anos.

ENERGIA E ORDEM

★ Imagine um cubo de açúcar voltando a sua forma anterior depois de dissolvido. Não é impossível, mas as chances de que aconteça são infinitamente pequenas. Com os seres vivos, no entanto, processos "impossíveis" como esse parecem estar acontecendo todo o tempo. Isso porque os organismos vivos – ao contrário de todos os outros tipos de matéria – podem usar a energia para ordenar-se de forma crescente com o passar do tempo.

Reservas ocultas

Todos os seres vivos constroem armazéns de energia para usar nos períodos de interrupção no suprimento externo. As diatomáceas, por exemplo, contêm minúsculos glóbulos de óleo ricos em energia que as ajudam a flutuar e atuam como combustível nas horas de escuridão. Nos vegetais, o armazenamento de energia geralmente se dá na forma de açúcar ou amido. Nos animais é a gordura do corpo que atua como combustível quando é difícil encontrar alimento.

QUEBRANDO REGRAS

★ Organismos microscópicos chamados diatomáceas são um exemplo do longo alcance desses processos. Vivem na água e montam seu próprio suporte fazendo requintadas caixas de sílica, mineral usado na fabricação do vidro. Na água, os níveis de sílica com freqüência são muito baixos – apenas algumas partes por milhão, muito mais baixos que os níveis de açúcar em uma xícara de café. Mas as diatomáceas conseguem absorver toda a sílica existente e moldá-la de forma bastante complexa.

★ Esse processo parece quebrar um importante princípio físico – ***a segunda lei da termodinâmica***:

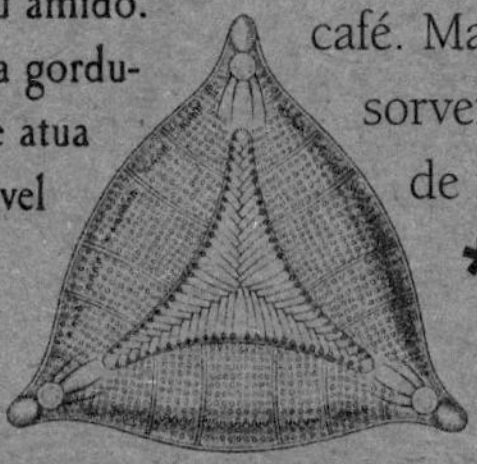
diatomácea

sempre que a energia é passada ou transformada, parte dela é alterada de modo que não pode ser reaproveitada. Conseqüentemente, a desordem sempre tende a aumentar. Usando termos físicos, a ENTROPIA do sistema aumenta.

FORÇA MOTRIZ

* As leis físicas aplicam-se a todas as formas de matéria; portanto, como as diatomáceas – e outros seres vivos – conseguem quebrá-las? Na verdade, elas não fazem isso. Considerada isoladamente, a diatomácea com certeza torna-se mais ordenada à medida que se desenvolve, mas isso é apenas parte da história. Consideradas como um conjunto, as diatomáceas e seu meio ambiente tornam-se mais desordenados com o passar do tempo, pois a energia e as matérias-primas vão se dispersando. As diatomáceas só podem crescer e se reproduzir porque novos fornecimentos de energia chegam a todo tempo, na forma da luz do sol. Se esse fornecimento fosse cortado, elas logo morreriam e a desordem se instalaria.

* Isso é verdadeiro para todos os seres vivos. *A vida é como uma máquina: sem energia, ela pára.*

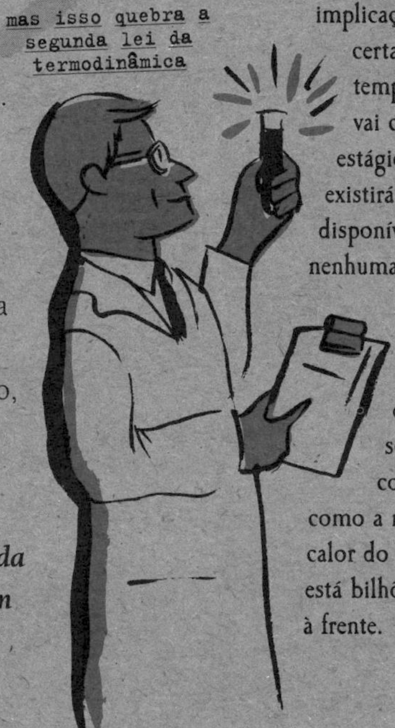

PALAVRA-CHAVE

ENTROPIA:
medida do grau de desordem de qualquer sistema físico. Em um sistema fechado, a entropia ou permanece constante ou aumenta. Em um sistema aberto, inclusive naqueles que envolvem os seres vivos, a entropia pode diminuir, mas apenas em escala local.

Profecia fatal

A segunda lei da termodinâmica tem uma implicação desconcertante: com o tempo, o universo vai chegar a um estágio no qual não existirá mais energia disponível para nenhuma forma de trabalho. Felizmente para nós, essa situação sombria – conhecida como a morte do calor do universo – está bilhões de anos à frente.

A ENERGIA DA VIDA

*** A cada ano, a terra recebe energia solar suficiente para manter a raça humana por cerca de 30.000 anos. Uma minúscula fração dessa energia – apenas 1% – é interceptada pelos vegetais, criando a primeira ligação no jogo ecológico de "passar a bola pra frente", que possibilita a maior parte da vida.**

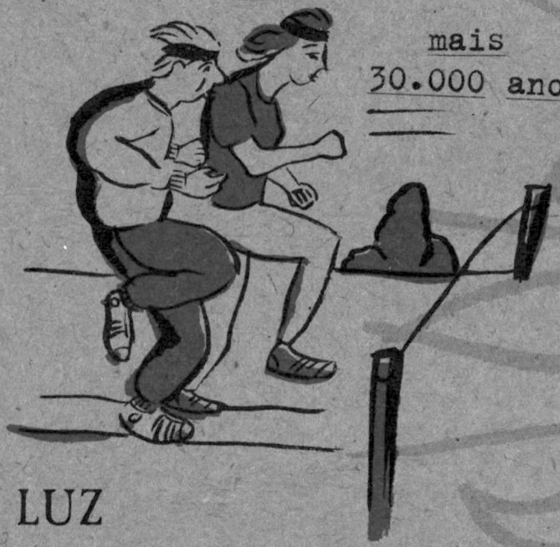

A LUZ

* Os vegetais aproveitam a energia solar através do processo de fotossíntese, que significa "*sintetizado pela luz*". A química da fotossíntese é complicada, mas o resultado é simples: duas substâncias inorgânicas – o dióxido de carbono do ar e a água do solo – combinam-se para formar compostos orgânicos cheios de energia. Eles compõem os tecidos dos vegetais e alimentam seu crescimento. Essa energia é passada adiante quando os vegetais servem de alimento para outros seres.

NO LIMITE

A profundidade recorde para a vida fotossintética no mar é a 268 metros. Nessa profundidade, o organismo em questão – uma forma de alga vermelha encontrada nas Bahamas – vive de uma luz mil vezes inferior à luz do dia na superfície terrestre.

Como elas conseguem?

Até três séculos atrás, acreditava-se que os vegetais "alimentavam-se" de nutrientes do solo. Essa idéia foi questionada com a realização de um dos primeiros experimentos quantitativos na área de biologia. O físico Belga **Jan Baptista van Helmont** (1577-1644) cultivou uma amostra em um vaso e, depois de cinco anos, mediu a alteração de peso da amostra e do solo. O peso da amostra havia aumentado mais de 70 quilos, mas o peso do solo havia diminuído para menos de 60 gramas.

* Os vegetais não foram os primeiros organismos a desenvolver a fotossíntese, mas são de longe os mais importantes praticantes desse estilo de vida. Geram por ano cerca de 100 bilhões de toneladas de compostos ricos em energia – alimento que abastece a maioria da vida na Terra.

NUTRIÇÃO INDIRETA

* Em termos energéticos, a fotossíntese torna os vegetais inteiramente auto-suficientes. Para sobreviver, tudo de que precisam é luz e um fornecimento de simples matéria-prima. A maioria das outras formas de vida – inclusive os animais – é bastante diferente, pois obtém energia quebrando a matéria orgânica. Sem alguma coisa para produzir a matéria orgânica em primeiro lugar, não poderiam existir. Essa diferença fundamental divide o mundo vivo em dois grupos, AUTÓTROFOS e HETERÓTROFOS. Os autótrofos obtêm energia de forma direta, e os heterótrofos, de forma indireta, de autótrofos ou de outro heterótrofo.

VIDA NA ESCURIDÃO

* São poucos os meios ambientes da Terra onde a vida não depende da luz. Em aberturas vulcânicas do solo marinho, cavernas e fontes de água quente, algumas bactérias obtêm energia e matéria-prima diretamente dos produtos químicos dissolvidos na água. Se o sol deixasse de brilhar, esses organismos primitivos seriam os únicos seres vivos a sobreviver.

PALAVRAS-CHAVE

FOTOSSÍNTESE: conversão da energia solar em energia química pelos seres vivos. Nos vegetais, a energia solar é coletada pela clorofila, pigmento verde localizado nas folhas.

Autótrofo: organismo que produz todas as substâncias orgânicas de que precisa coletando energia e matéria-prima simples existentes no ambiente ao seu redor. Entre os autótrofos estão as plantas, algas e algumas bactérias.

HETERÓTROFO: organismo que usa matéria orgânica como matéria-prima e fonte de energia. Incluem animais e fungos, além de muitas bactérias e outros microorganismos.

TOMANDO SOL

* Se perguntassem qual é mais produtivo, um pântano ou um pedaço de terra cultivada, com certeza você apostaria na terra cultivada. Mas essa resposta depende do sentido da palavra "produtivo". Para um ecólogo, os pântanos geralmente ganham, pois podem transformar a luz do sol em matéria viva a uma taxa recorde.

os pântanos são mais férteis que uma faixa de terra cultivada

NUTRIENTES NO RALO

Em geral, a produtividade nos oceanos é baixa porque muitos organismos vão para o fundo quando morrem. Isso significa que existe um constante escoamento de nutrientes das camadas da superfície banhadas pelo sol, local onde a produção primária acontece. Exceção à regra são as áreas onde as correntes vão do fundo do mar para a superfície, trazendo os nutrientes. Essas correntes explicam a rica vida marinha das costas oeste da África do Sul e América do Sul.

O QUE ESTÁ EM JOGO

* Em ecologia, a PRODUTIVIDADE mede ***a taxa na qual nova matéria viva é criada*** quando os vegetais captam a energia do sol. Em um ano, um metro quadrado de um pântano padrão produz cerca de 2,5 kg de crescimento vegetal extra, enquanto a mesma área de floresta tropical chega a algo como 2 kg. Comparada com os dois, a terra cultivada sai sempre perdendo. Ela é produtiva em termos de alimento humano, mas sua produção biológica alcança uma média de apenas 65 gramas por metro quadrado – pouco mais que uma pradaria.

★ Em ecologia, PRODUTIVIDADE PRIMÁRIA é um valor-chave, pois mostra a rapidez com que a energia é canalizada entre os seres vivos. Hoje, usamos cerca de 40% da produtividade primária da Terra – comendo, criando animais e cortando árvores, restando só 60% para a sobrevivência das espécies selvagens que também precisam dela.

EMPILHANDO VEGETAIS

★ Alta produtividade não significa necessariamente que um ecossistema esteja cheio de plantas; à medida que novas plantas crescem, as velhas morrem. Além disso, os vegetais vivos armazenam energia por diferentes períodos. Em alguns ecossistemas o peso dos vegetais é muito grande, em outros é bem pequeno.

★ Esse peso total é conhecido como BIOMASSA DOS VEGETAIS. Na terra, as florestas tropicais estão no topo dos gráficos de biomassa, com mais de 45.000 toneladas de vida vegetal concentradas em cada quilômetro quadrado de solo. Os pântanos têm cerca de 15.000 toneladas, e os desertos, menos de 1.000. Nos oceanos abertos, a vida existe de forma ainda mais dispersa. Ali, os microorganismos substituem as plantas e sua média é de 3 t/km^2 que se perdem na vastidão do mar.

floresta tropical

PALAVRAS-CHAVE

PRODUTIVIDADE: taxa que indica quantidade de energia incorporada à matéria viva. A **produtividade primária** mostra quanta energia os organismos fotossintéticos – geralmente as plantas – captam da luz solar, e a **produtividade secundária**, a taxa de desenvolvimento dos animais a partir dos vegetais.

BIOMASSA: peso combinado dos seres vivos de um lugar. Geralmente a água em animais e plantas é excluída.

Energia em trânsito

Por volta de 1970, dois ecólogos – **R. H. Wittaker e G. E. Likens** – estabeleceram por quanto tempo a energia fica armazenada em vegetais vivos. Nas florestas tropicais, o valor aproximado é de 22 anos e meio, e nas pradarias, 3 anos. Para os microorganismos que vivem na água, os períodos são muito menores, pois a maioria deles serve de alimento para outros seres em questão de dias.

cada ser vivo ter
seu lugar na cade:
energética

NÍVEIS DE VIDA

★ Quando come as folhas de uma árvore, o veado retira energia captada pela árvore diretamente do sol. Mas quando um lobo ataca sua presa, a energia que ele obtém já passou por outros três ou quatro seres vivos. Diferenças como essas permitem que os seres vivos se encaixem em "níveis tróficos" diferentes, dependendo de sua posição na cadeia energética.

Consumidores multiníveis

Alguns consumidores são encaixados em vários níveis tróficos diferentes. Os seres humanos são o principal exemplo. Você, por exemplo, é um consumidor primário quando come uma maçã, e um consumidor secundário quando come um bife. Se gostar de peixe, isso poderá elevá-lo à posição de consumidor terciário ou quaternário, pois é bem possível que a energia existente no peixe tenha passado antes por outros dois ou três seres.

esse porco gor
não vai me com

PRÁ CIMA

★ Nos sistemas vivos, o nível trófico mais baixo é ocupado sempre pelos PRODUTORES – formas de vida que desenvolvem o primeiro trabalho essencial de capturar a energia e transformá-la em matéria orgânica. Na terra, os produtores quase sempre são as plantas. Na água, há enorme variedade de organismos mais simples e bem menores, como as diatomáceas e outras algas, que fazem o mesmo serviço. Esses produtores flutuantes, muito pequenos para serem vistos a olho nu, são responsáveis por grande porção da energia total que os seres vivos captam do sol.

serei um consumidor primário ou secundário?

★ O nível trófico seguinte é

composto de CONSUMIDORES PRIMÁRIOS. De um lado, seus alimentos são fornecidos pelos produtores; de outro, eles próprios servem de alimento para os consumidores secundários que, por sua vez, farão parte do cardápio dos consumidores terciários. Nesse ponto, a cadeia energética geralmente é interrompida. Os consumidores quaternários – superpredadores do mundo vivo – são muito raros.

PALAVRAS-CHAVE

NÍVEL TRÓFICO
posição de uma espécie na cadeia energética, mostrando quantos intermediários a separam da fonte de energia.

PRODUTOR:
espécie que pode usar energia solar ou química para produzir matéria orgânica.

CONSUMIDOR:
espécie que vive de outros organismos ou de seus restos.

PONTO FRACO

★ A cadeia energética chega a um fim porque, a cada degrau, só pequena parcela da energia transferida entra na construção da matéria viva. O resto – às vezes até 90% – é usado como combustível para manter os corpos dos animais em funcionamento. Essa energia escapa para o meio ambiente, freqüentemente na forma de calor, e, portanto, não pode ser passada adiante.

★ ***Para o consumidor, essa perda a cada degrau significa que a melhor forma de obter energia é eliminar o intermediário e ir direto ao produtor.*** Por isso a maior parte dos grandes animais do planeta não é caçador, mas se alimenta de vegetais. Isso também explica porque os "predadores do topo", como leões e tubarões, são pouco freqüentes.

Fique frio

Em termos de eficiência energética, os animais de sangue frio são mais eficientes do que os de sangue quente para aproveitar alimentos. Isso acontece porque eles não precisam usar quantidades enormes de energia só para manter constante a temperatura de seus corpos. Mas ser um animal de sangue quente tem suas vantagens: a temperatura quente do corpo permite que o animal fique ativo sejam quais forem as condições ao seu redor, o que aumenta suas chances de encontrar alimento.

aqui pode ter um milhão

CADEIAS E REDES

* No começo da década de 20, o ecólogo britânico Charles Elton elaborou um gráfico relacionando todas as plantas e animais de uma pequena área de tundra varrida pelo vento, no Ártico. No gráfico os seres estavam ligados de acordo com "quem come o quê". Esse trabalho estabeleceu um conceito que, desde então, tornou-se parte integrante da ecologia.

Vivendo de sobras

Parte importante de qualquer rede alimentar é formada por DECOMPOSITORES – seres vivos que se alimentam de restos de organismos mortos. Entre os decompositores (chamados de DETRITÍVOROS) estão pequenos animais, como insetos e minhocas, mas os últimos estágios do processo de quebra são conduzidos por bactérias e fungos microscópicos. Um simples centímetro cúbico de solo pode conter mais de dez milhões deles.

LIGAÇÕES INVISÍVEIS

* Na natureza, o alimento vem de algum lugar. Acompanhando níveis tróficos diferentes, superiores e inferiores, pode-se determinar qual é o primeiro fabricante e onde ele vai acabar. O resultado é a CADEIA ALIMENTAR – mapa do percurso seguido pela energia do alimento ao passar de uma espécie à outra.

* Mesmo em um local isolado como a tundra do Ártico há dezenas de espécies animais e vegetais. À primeira vista, parece provável que as cadeias alimentares de um lugar assim tenham de 10 a 20 ligações. Mas, como existe perda de energia cada vez que o alimento muda de mão, as cadeias alimentares são bem menores do que isso. Meia dúzia de ligações é um bom palpite; muitas cadeias têm apenas duas ou três.

PALAVRAS-CHAVE

CADEIA ALIMENTAR: percurso alimentar que liga uma espécie à outra.
REDE ALIMENTAR: conjunto de cadeias alimentares interligadas.

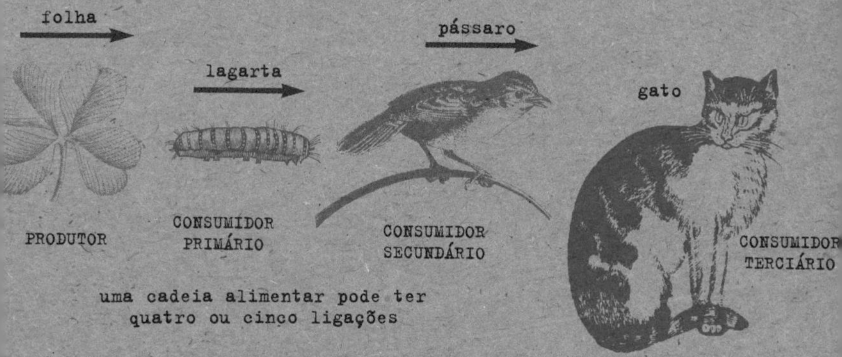

uma cadeia alimentar pode ter quatro ou cinco ligações

UNINDO OS PONTOS

* Embora as cadeias alimentares individuais sejam pequenas, o conjunto de várias delas forma a rede alimentar – um grupo de linhas entrecruzadas mais parecido com o mapa de um grande metrô. Quando está completa (algo que não é fácil de ser alcançado), a rede mostra todos os possíveis percursos do alimento em uma comunidade inteira de animais e vegetais. Em uma típica rede alimentar, alguns animais são conectados a poucas linhas, enquanto outros possuem maior número de intersecções. Isso porque, o animal tanto pode ter uma dieta abrangente quanto ter o azar de compor o cardápio de muitos predadores.

* Estabelecer redes alimentares é uma tarefa interessante – principalmente quando analisamos as redes de locais distantes e exóticos. Mas elas são apenas um registro do *status quo*. Por mostrarem como as espécies estão interligadas, as redes podem ser usadas para prever efeitos em dominó no caso de poluição de um hábitat ou de redução ou extinção de uma espécie.

DANÇA DE ESTAÇÕES

Muitas redes alimentares – em especial baseadas na terra – são como fotos instantâneas do "que come o quê" em certa época do ano. Mudanças de estações transformam essas redes, principalmente no inverno, quando plantas morrem e alguns animais migram e outros hibernam.

Rastros viajantes

Na década de 20, **Charles Elton** elaborou a rede alimentar da tundra observando o alimento de vários animais. Hoje, as relações entre as redes são estabelecidas por vegetais "etiquetados" com pequenas quantidades de um isótopo radioativo inofensivo. Assim, o isótopo é rastreado à medida que passa por vários animais.

Charles Elton

CAOS E COMPLEXIDADE

✱ As cadeias e redes alimentares mostram que na natureza não existe essa história de viver completamente sozinho; mesmo nos hábitats mais inacessíveis, os seres vivos exercem influências sobre os outros e também interagem com o meio. Muitas dessas interações são tão complexas que, por mais que sejam estudadas, é impossível prever seu resultado.

O efeito borboleta

A teoria do caos foi desenvolvida em 1960 pelo meteorologista **Edward Lorenz**. Ele mostrou que é impossível prever o percurso exato do ar ascendente, embora seu movimento geral possa ser calculado. Concluiu ainda que, em teoria, qualquer minúscula perturbação – como o bater das asas de uma borboleta – pode ter efeito indireto completamente desproporcional ao seu tamanho. Desde então, o "efeito borboleta" tornou-se uma metáfora para as interconexões da biosfera em geral.

mas isso é o caos

a natureza muito mai imprevisível um jogo d bilhar

ACONTECIMENTOS IMPREVISÍVEIS

✱ Em um jogo de bilhar, tudo funciona de forma previsível. Teoricamente, se tiver dados suficientes, você poderá prever o local exato onde cada bola vai cair depois de ser tocada. Na natureza, a coisa não é bem assim. Mesmo com dados para preencher todas as memórias dos computadores do planeta, seria impossível prever o futuro de um sistema envolvendo seres vivos. O quadro geral é previsível, mas o detalhe final não.

✱ ***Esses sistemas são chamados de caóticos***, e não são exclusividade dos seres vivos. Eles incluem também um grande número de fenômenos físicos em vários graus diferentes – do movimento dos grãos de uma pilha de areia até a circulação do ar e da água por toda a terra.

MANTENDO O CURSO

★ O caos faz parecer que a vida é uma grande bagunça, cheia de mudanças de rumo imprevistas. Mas isso não é o que os ecólogos percebem quando examinam a natureza. Os detalhes do dia-a-dia dos sistemas vivos geralmente mudam, mas a longo prazo a continuidade é a ordem do dia.

★ ***Então, o que mantém o caos sob controle? Uma das respostas é o fato de os seres vivos possuírem seus próprios limites***. Uma árvore, por exemplo, não pode desenvolver uma nova forma de reprodução de uma hora para outra, assim como um elefante não pode viver na água. Por meio de um processo chamado "*feedback*" (resposta), os seres vivos mantêm as condições permanentes necessárias para sua sobrevivência. Mas sistemas de respostas também são limitados. Quais são esses limites e quando existe a ameaça de rompê-los? Esse é um dos problemas mais importantes discutidos pelos ecólogos de hoje.

está ficando quente aqui

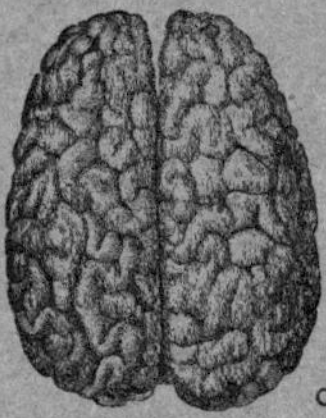

cérebro

SISTEMA DE RESPOSTAS ("*FEEDBACK*")

Um sistema de respostas é aquele que reage automaticamente a mudanças. O tipo mais comum é o negativo, que reverte qualquer guinada de curso contrária ao estado ótimo. A temperatura do corpo humano é controlada por RESPOSTA NEGATIVA. Assim que começa a subir ou descer, sensores do cérebro detectam a mudança. O cérebro ativa processos que fazem com que a temperatura volte ao nível normal. A RESPOSTA POSITIVA tem o efeito contrário: ela reforça a mudança.

os animais levam a vida para a qual estão adaptados

A TEORIA GAIA

★ Como uma mão invisível segurando o leme, a resposta funciona no interior de todos os seres vivos. Ela garante, na medida do possível, que o ambiente interno desses seres permaneça em um estado fixo. Mas o sistema de respostas não funciona apenas dentro de organismos individuais. De acordo com a "teoria Gaia", ele atua em toda a biosfera, mantendo as condições de vida ideais.

será que a Terra funciona como uma máqui bem regulada?

RESPIRANDO

Até dois bilhões de anos, não havia oxigênio na atmosfera da Terra. Ele só apareceu após os microorganismos começarem a viver da fotossíntese, liberando-o como subproduto. Desde então, o nível de oxigênio na atmosfera elevou-se até chegar ao que é hoje, cerca de 21%. Essa quantidade é grande o bastante para manter a vida dependente do oxigênio, mas não tão grande a ponto de incendiar o planeta.

NOSSO PLANETA AUTO-REGULÁVEL

★ Não há dúvidas de que no mundo como um todo alguns mecanismos de resposta atuam em grande escala. Por exemplo, se aumenta a quantidade de dióxido de carbono no ar, os vegetais passam a remover mais desse elemento. De modo semelhante, quando a temperatura da Terra aumenta, os vegetais liberam mais vapor de água. Isso estimula o aparecimento de nuvens, colocando um freio no aumento da temperatura. Graças à fotossíntese (páginas 22-3), a composição de toda a atmosfera é como a conhecemos ***somente porque existe vida na Terra***.

***** Em 1970, fatos como esse convenceram **James Lovelock**, químico e engenheiro britânico, de que a biosfera é um sistema integrado que trabalha para a manutenção das condições ideais para os seres vivos. Lovelock desenvolveu essa idéia em conjunto com a bióloga **Lynn Margulis** e chamou-a de teoria Gaia, nome da deusa Terra dos gregos antigos. De acordo com essa teoria, o mundo vivo é como uma enorme máquina auto-regulada que, periodicamente, faz os ajustes necessários para manter um estado constante.

GAIA É UMA REALIDADE?

***** Desde o primeiro momento, a teoria Gaia gerou controvérsias. Lovelock e Margulis identificaram uma série de mecanismos de resposta que parecem sustentá-la, mas seus oponentes encontraram mecanismos que funcionam na direção contrária. O problema mais complicado é que a teoria Gaia sugere algum tipo de cooperação global entre os seres vivos – algo que vai de encontro à idéia darwiniana de luta pela sobrevivência. A noção de organismos competidores trabalhando juntos para manter o equilíbrio tem levado muitos ecólogos a considerar a teoria Gaia com ceticismo.

***** *Apesar da recepção nada unânime, a teoria Gaia provou ser um filão valioso para investigação. Mesmo que a biosfera não seja uma entidade única, às vezes e de forma misteriosa, funciona como tal.*

Claude Bernard

Firme ao caminhar

A idéia de que os seres vivos mantêm um estado interno estável foi divulgada pela primeira vez no século XIX, pelo fisiologista francês **Claude Bernard** (1813-1878). No século XX, o fisiologista norte-americano **Walter Cannon** deu nome ao conceito de Bernard: homeostase, que literalmente significa "ficar parado". A homeostase é essencial para a vida porque as reações químicas envolvidas na sobrevivência só funcionam bem em uma estreita faixa de condições.

Walter Cannon

CAPÍTULO 1

NADA COMO O LAR

★ Considerada como um todo, a biosfera é um tema desalentador. Nela vivem cerca de 30 milhões de espécies de seres vivos formando um emaranhado interminável de interações. Felizmente, esse emaranhado pode ser quebrado em partes mais simples, conhecidas como ecossistemas. Os ecossistemas são o equivalente ecológico dos bairros, com todos os seus habitantes.

nem sempre os moradores de um sistema são amigos

VIZINHOS EM GUERRA

★ *Os ecossistemas são constituídos de dois ingredientes básicos – os seres vivos e o ambiente, o lar coletivo*. Como os bairros humanos, o ambiente do ecossistema não possui um tamanho definido. Um ecossistema pode ser pequeno como uma poça d'água ou grande como uma floresta inteira. No jargão ecológico, *os moradores do ecossistema formam uma "comunidade"* – um conjunto característico de seres vivos que trocam energia e nutrientes entre si e com o ambiente.

★ Apesar do tom familiar, uma comunidade ecológica não implica relações amigáveis, pois a troca de nutrientes com os vizinhos pode ser sinônimo de caçá-los e comê-los.

Casas vivas

Alguns ecossistemas estão localizados em ambientes vivos. O interior da boca humana, por exemplo, serve de moradia para dezenas de espécies de bactérias; só nos dentes identificaram-se mais de 300 tipos. Esses microorganismos constituem parte da "flora bacteriana" normal do corpo e criam suas redes alimentares abastecidas pelas substâncias que comemos. A maioria desses seres é bastante inofensiva. Uma bactéria prejudicial é a *Streptococcus mutans*, envolvida na deterioração dos dentes.

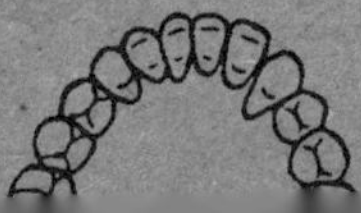

mais de 300 espécies de bactérias foram identificadas nos dentes

SEGUINDO EM FRENTE

* Por conveniência, os ecossistemas geralmente são tratados como unidades fechadas e separadas. Na realidade, a natureza nem chega perto dessa concepção bem definida. Muitos ecossistemas têm zonas de fronteira indefinidas onde se confundem com ecossistemas próximos e, embora todos tenham seu grupo de residentes permanentes, muitos abrigam espécies que vêm e vão. Grande parte dos habitantes temporários são MIGRANTES – animais que chegam em determinada época do ano, quando o ecossistema tem mais a lhes oferecer, e partem quando a situação fica difícil.

* Como os residentes temporários, há espécies que dividem seu tempo de maneira diferente. São os animais que passam por uma METAMORFOSE – como sapos, borboletas e cracas. Na primeira fase de suas vidas, adotam um ecossistema; na fase adulta, mudam para outro. Alterando sua própria forma, eles podem explorar um tipo de alimento quando são jovens e outro bem diferente depois que crescem. Mais importante ainda, essa mudança de forma permite que se espalhem – algo que todas as espécies fazem para aumentar suas chances de sobrevivência.

PALAVRAS-CHAVE

MIGRAÇÃO: movimento sazonal para um ambiente mais favorável.

METAMORFOSE: mudança abrupta ou gradual na forma do corpo, produzindo organismos adultos com aspecto bastante diferente do que tinham quando jovens.

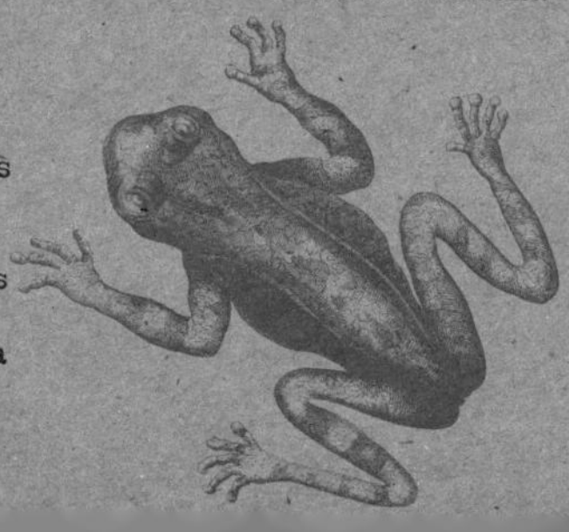

NOVA IDÉIA – NOVO NOME

Como muitos outros conceitos da ecologia, os ecossistemas são uma idéia relativamente nova. A palavra foi criada, em 1936, por um ecólogo de plantas britânico, **A. G. Tansley.**

ADAPTANDO-SE

* Nos ecossistemas, os seres vivos não ficam espalhados de forma aleatória. Ao contrário, cada espécie tem um hábitat preferido – uma parte do ecossistema ao qual ela se adapta melhor. Algumas espécies são bastante flexíveis e podem se dar muito bem em uma série de hábitats diferentes, mas a maioria é bem mais exigente. Sem as condições ideais, elas não podem sobreviver.

cada espécie tem seu lugar

Nicho multidimensional

No fim da década de 50, o ecólogo **G. Evelyn Hutchinson** expressou a idéia de nichos de forma matemática, tratando cada fator do ambiente como uma dimensão separada no espaço. Por exemplo, uma espécie cujo nicho dependa de três requisitos básicos vai originar um volume de três dimensões. Outro, com dez requisitos, forma um espaço de dez dimensões. Embora não possam ser visualizadas, dimensões desse tipo são usadas para desenvolver o perfil estatístico de uma espécie.

QUE BAIRRO ESCOLHER?

* Essa escolha quase sempre está relacionada a necessidades físicas específicas. Por exemplo, o lagostim de água doce – parente de caranguejos e lagostas – usa o carbonato de cálcio, um mineral obtido na água, para formar a carapaça que envolve seu corpo. Os lagostins crescem em rios e correntes onde a água é turbulenta e, portanto, rica em cálcio dissolvido. Rios de águas calmas, por outro lado, não são uma boa opção. Podem estar abarrotados de alimento, mas a ausência de cálcio os exclui da lista.

camarão-de-água-doce

caranguejo

★ Outros fatores podem ditar onde cada espécie vive: níveis de temperatura, umidade e oxigênio, acidez do solo ou quantidade de sol ou sombra.É raro cada fator ser atendido plenamente, mas se apenas um deles ultrapassar o limite de tolerância da espécie, esta não será bem-sucedida no local.

PROCURANDO UM NICHO

★ Se pensarmos no ecossistema como um bairro, o hábitat é o endereço. É comum que espécies diferentes dividam o mesmo endereço, mas elas nunca possuem exatamente o mesmo estilo de vida. Em termos ecológicos, ***cada um tem um "nicho" separado***. Um nicho ecológico é muito mais do que o lugar onde um organismo vive: é a forma como uma espécie funciona no ecossistema e inclui não somente o hábitat, mas todo o estilo de vida.

★ Os nichos têm implicações importantes na conservação da vida selvagem porque, ao contrário dos humanos, animais e vegetais não podem mudar a maneira como vivem. Se apenas um dos requisitos para seu nicho não for preenchido, eles terão poucas chances de se desenvolver e poderão, até mesmo, ser extintos.

PALAVRAS-CHAVE

HÁBITAT:
lugar onde uma planta ou animal vive.

NICHO:
o lugar e o papel de uma espécie dentro de um ecossistema.

HÁBITATS ESTRANHOS

Por acidente, os seres humanos às vezes criam hábitats perfeitos para determinados seres vivos. Um hábitat bastante bizarro é o úmido malte da cerveja. Uma espécie de nematodes, ou verme cilíndrico, parece adorar esse ambiente liso e intoxicante, mas raramente é encontrado nele ao acaso.

GENERALISTAS E ESPECIALISTAS

*** Por que algumas espécies são tão seletivas sobre escolher onde e como viver enquanto outras parecem muito menos exigentes? A resposta está na seleção natural – a força motriz existente por trás da evolução. As generalistas exploram uma ampla gama de oportunidades, enquanto as especialistas concentram-se em poucas – às vezes para um resultado melhor.**

algumas espécies podem viver em qualquer lugar

Seleção natural

A seleção natural foi identificada pela primeira vez pelo naturalista inglês Charles Darwin, que a descreveu em seu revolucionário livro A *origem das espécies.* A seleção natural é o processo que favorece os indivíduos mais bem adaptados em um grupo, garantindo que eles originem a maior prole. Assim, suas características são disseminadas, fazendo com que o grupo se desenvolva. A seleção natural é responsável por quase todas as adaptações observadas nos seres vivos, inclusive suas relações ecológicas.

GRUPOS DE CONCENTRAÇÃO

* Em termos ecológicos, uma espécie generalista é a que possui um amplo nicho. Deveriam sempre obter melhor resultado que as especialistas, pois podem usar grande variedade de recursos. Deveriam produzir muitas proles – ***marca característica do sucesso biológico.***

* Mas, existe o outro lado da moeda. Generalistas – como guaxinins, corvos e estorninhos – são pau-pra-toda-obra no mundo vivo. Embora explorem muitos tipos de alimentos, não estão mais bem qualificadas para tirar o máximo de nenhum deles. Por contraste, uma espécie que se concentra em um único alimento será muito mais

guaxinins

corvo

GENERALISTAS exploram muitos tipos de comida

eficiente em explorar todo seu potencial. Até certo ponto, quanto mais especializada for uma espécie, maior será essa vantagem.

rumo à especialização

BUSCANDO EQUILÍBRIO

* O caminho para a especialização é dos temas mais recorrentes da evolução e, em alguns casos, chega a extremos. Por exemplo, o lobo-da-terra – membro africano da família dos cachorros – às vezes come pequenos mamíferos e pássaros, mas seu principal alimento consiste em cupins, capturados com sua língua pegajosa. O caso do panda gigante é mais estranho ainda. Seu único alimento é o bambu, embora seus ancestrais diretos fossem carnívoros.

os pandas gigantes comem apenas bambus

* Se um recurso-chave existe em abundância, a espécie especializada nele pode colher boas recompensas. *Mas, como o exemplo do panda gigante mostra com clareza, existe um risco inerente a esse estilo de vida: a especialização dificilmente volta. Quando os seres vivos alteram seus hábitats e as reservas de alimentos escasseiam, os especialistas são as primeiras vítimas.*

CAMA DE PENAS

Os parasitas chamados piolhos mordentes estão entre os maiores especialistas ecológicos do mundo. Sugam o sangue de pássaros, mas não atacam qualquer um. Cada espécie de piolho se alimenta de hospedeiros específicos e, raramente, desenvolve-se em outro local. A correspondência entre parasita e hospedeiro é tão precisa que, observando o piolho, é possível determinar a evolução do pássaro.

Sinto muito: não temos vaga.

A biodiversidade parece ter uma tendência natural a aumentar, a menos que algum fator a faça retroceder. No entanto, não se sabe com certeza se ela permanece crescendo em qualquer ecossistema ou se acaba atingindo um pico, ponto no qual o ecossistema em questão estaria cheio. Nas duas suposições, apareceriam novas espécies e as velhas seriam extintas mas, no primeiro, os ganhos sempre superariam as perdas, enquanto, no segundo eles finalmente alcançariam o equilíbrio. Atualmente, o modelo do "equilíbrio" está em alta, mas após décadas de debate, os ecólogos ainda não resolveram essa complicada questão.

BIODIVERSIDADE

*** Nas costas geladas da Península da Antártida há apenas duas espécies de vegetais com flor: um tipo de gramínea e a *Sagina caryoplyllaçea*, uma planta aparentada com o cravo. Oito mil quilômetros ao norte, no coração da floresta tropical amazônica, há tantas plantas com flores que, talvez, o número de espécies existentes nunca venha a ser conhecido.**

RIQUEZAS REGIONAIS

* A diferença entre esses dois lugares pode ser resumida em uma palavra: biodiversidade. É a medida da riqueza de espécies em determinada área, seja ela um ecossistema individual ou a Terra inteira. Essa palavra é presença constante em notícias dos meios de comunicação e em campanhas ambientais, pois muitos biólogos acreditam que a biodiversidade está ligada à estabilidade ecológica. Atualmente, a biodiversidade global está diminuindo rapidamente.

Darwin percebeu que nos trópicos havia mais espécies que em qualquer outro lugar

POR QUE OS TRÓPICOS?

* No século XIX, naturalistas como Charles Darwin perceberam que, em termos de biodiversidade, os trópicos superam de longe outras regiões do planeta. Desde que Darwin pisou pela primeira vez nos trópicos, há mais de 150 anos, os biólogos têm discutido porque as coisas são assim.

* A resposta óbvia é que, nos trópicos, há um clima favorável que estimula o crescimento dos seres. Com tanta energia em movimento, aparecem incontáveis oportunidades que podem ser exploradas por novas espécies. Nem todos os ecólogos estão convencidos de que essa seja a verdadeira razão. Outra possibilidade é que há muito os trópicos têm sido um bom lugar para viver – e quanto mais tempo os seres vivem em uma área, maior número de espécies podem se desenvolver.

PALAVRA-CHAVE

BIODIVERSIDADE: medida da quantidade de tipos diferentes de organismos em um ecossistema ou em uma área maior.

erupções vulcânicas podem ter causado algumas extinções

O GRANDE DESASTRE

* Em pelo menos cinco ocasiões na história da vida, a biodiversidade passou por um grande desastre. Acredita-se que esses acontecimentos, conhecidos como extinções em massa, foram provocados por vários fatores, inclusive períodos de intensa atividade vulcânica e colisões com objetos do espaço. Após cada extinção em massa, as espécies levaram milhões de anos para voltar ao estado original. Muitos biólogos acreditam que estamos na iminência de uma sexta extinção em massa – causada pelos humanos.

PARTICULAR – NÃO SE APROXIME

Uma baixa diversidade não significa necessariamente que a vida no local seja rara. Em alguns ecossistemas – nos pântanos do mangue – o número de espécies é baixo pois poucos animais e vegetais conseguem sobreviver nas condições locais. Por outro lado, tendo o ecossistema só pra elas, essas espécies se desenvolvem em grande número.

COMO ECOSSISTEMAS MUDAM

a agricultura praticada pelos humanos afeta ecossistemas

* Em meados do século XIX, muitos fazendeiros norte-americanos mudaram-se para o oeste à medida que arados mais desenvolvidos abriam as pradarias para o plantio de cereais. No leste, os campos abandonados tornaram-se uma vitrine para a sucessão ecológica – processo em que as espécies disputam o controle à medida que ocupam o espaço vazio. Hoje em dia, um século depois, muitos campos tornaram-se florestas e uma sucessão está quase completa.

Sucessão nas ruas

Todo ano, os humanos gastam muito tempo e esforço tentando impedir a sucessão ecológica. As estradas de ferro são pulverizadas com herbicidas para evitar que nasçam plantas entre os trilhos, e as ruas da cidade são limpas e restauradas para que as sementes não criem raízes. Se essas operações de manutenção acabassem, as plantas invadiriam as estradas e as cidades, formando o solo à medida que morressem e fossem decompostas.

VISITANTES SURPREENDENTES

* Normalmente, os ecossistemas permanecem iguais ano a ano. Embora animais e vegetais morram, o conjunto das espécies não muda. O equilíbrio só é afetado quando ocorre distúrbio. Aí entra a sucessão, reclamando a terra roubada à natureza – em geral de forma previsível.

* No leste dos EUA, o distúrbio original aconteceu com o início da

evitar que as plantas proliferem nas cidades, é um árduo trabalho

o fogo exerce papel importante na mudança ecológica

agricultura. Depois que os fazendeiros dirigiram-se para o oeste, os campos abandonados começaram a mudar. As ervas daninhas tomaram o lugar das plantações, geralmente através de sementes trazidas pelo vento. Os arbustos levaram um pouco mais de tempo para se estabelecer, mas, gradualmente, jogaram sombra sobre as ESPÉCIES PIONEIRAS. As árvores foram as últimas a dar o ar da graça, mas causaram o maior impacto.

NÃO ADIANTA MEXER

★ O resultado dessa disputa em câmara lenta por um espaço é um grupo de espécies mais ou menos estáveis chamadas COMUNIDADE CLÍMAX. Sua composição exata varia de local para local. Em áreas de clima úmido, como o leste dos EUA ou oeste da Europa, a comunidade clímax é geralmente uma floresta. Em lugares mais secos, como o meio-oeste norte-americano ou a Ásia central, são as pradarias ou arbustos.

★ ***Os ecólogos pensavam que uma vegetação clímax era aquela cujas mudanças, em determinado momento, mais ou menos paravam.*** Hoje sabe-se que não é simples assim. Mesmo em uma comunidade clímax, algumas espécies ficam temporariamente no controle, enquanto outras declinam. Embora não se perceba, a mudança ocorre o tempo todo.

Alimentando as chamas

Em locais secos, o fogo é uma das formas naturais mais comuns de distúrbio ecológico. Mas embora pareça destrutivo, nem sempre é prejudicial. Alguns vegetais dispõem de defesas naturais contra a ação do fogo e outros dependem do fogo para sobreviver. O pinheiro *lodgepole* da América do Norte (*Pinus contorta*) é um típico dependente do fogo. Seus cones abrem-se apenas depois de terem sido aquecidos pelas chamas, espalhando as sementes no solo que acabou de ser limpo.

PALAVRAS-CHAVE

SUCESSÃO: mudança ordenada de espécies em uma comunidade, depois de qualquer tipo de distúrbio ecológico.

ESPÉCIE PIONEIRA: espécie que chega no primeiro estágio de sucessão e, em geral, é expulsa quando o processo se completa.

No ponto

Em novembro de 1963, uma erupção vulcânica na costa da Islândia produziu uma oportunidade ecológica de primeira – uma nova ilha completa, pronta para ser colonizada pelos seres vivos. Desde o começo, a ilha Surtsey foi tema de pesquisas e seus novos moradores estão sendo cuidadosamente registrados. O difícil clima da região resultou em vida vegetal escassa, constituída principalmente de musgos e de uma espécie de *Honkenya peploides* que se reproduz por sementes flutuantes. Com freqüência, a ilha é visitada por pássaros marinhos cujas fezes fornecem importante fertilizante natural para a sobrevivência de muitos vegetais.

COMEÇANDO DO ZERO

★ Nem sempre a sucessão é um caso em que a natureza reclama um pedaço de terra que lhe foi tomado. Às vezes, os processos geológicos criam ambientes novinhos em folha que começam sem nenhum habitante. Nesse caso, a sucessão pode acontecer lentamente pois, pelo menos para começar, apenas as espécies mais fortes sobrevivem.

CRIANDO UMA ÁREA ESTRATÉGICA

★ Esse tipo de invasão natural é chamada de SUCESSÃO PRIMÁRIA, em contraste com a sucessão secundária, que acontece em locais recentemente habitados. Quer o solo virgem tenha sido criado ou exposto pela primeira vez – por exemplo, por erupções vulcânicas, geleiras recolhidas ou areia móvel –, os seres vivos têm uma chance de chegarem, dando início à sucessão primária.

★ Comparado com a tomada de um campo abandonado, estabelecer residência em solo virgem não é tarefa fácil. Às vezes, as semente

não tem solo nenhum

montar sua casa em terra nua não é nada fácil

conseguem germinar nas fendas das rochas mas, sem o solo, a seca é uma ameaça constante e obter nutrientes minerais pode ser duro. Embora seja mais fácil para as plantas lançar suas raízes na areia, a superfície pode ser escaldante, ameaçando sufocar os vegetais.

SOLO EM CONSTRUÇÃO

★ Quando as plantas conseguem se estabelecer, elas facilitam o caminho para os outros. Crescem, morrem e seus restos misturam-se a partículas de poeira e rocha, criando o começo de um solo. Depois que uma camada de solo é formada, outras plantas podem seguir as pioneiras, deixando o campo livre para a vida animal.

★ No Parque Nacional Glacier Bay, Alasca, o gelo recuou mais de 50 km nos últimos 200 anos, permitindo o estudo detalhado do processo. As chuvas constantes ajudam as plantas a se estabelecerem, e depois de 25 anos de exposição, já havia 5 cm de solo e folhas deterioradas. Passados 50 anos, o solo atingiu 15 cm de profundidade e foi coberto por pequenas árvores. ***Em 150 anos, as árvores formaram uma floresta e a sucessão primária se completou. Em climas mais secos, a sucessão primária é com freqüência mais lenta e o solo leva mais tempo para se formar.***

OS PIONEIROS

Em geral, liquens são os primeiros seres vivos a colonizar as rochas nuas. Essa parceria de crescimento lento entre algas e fungos pode sobreviver a temperaturas abaixo de zero e a secas de meses. Liquens também produzem produtos químicos que causam erosão nas rochas, auxiliando a construção do solo.

os liquens podem crescer em rochas nuas

TEMAS E VARIAÇÕES

*** De uma perspectiva humana, existe um mundo de diferenças entre o sul da Espanha e o sul da Califórnia ou entre Bornéu e o Brasil. Mas, biologicamente, esses lugares têm muito em comum, porque a adaptação de seus animais e vegetais foi semelhante. Esses agrupamentos característicos são chamados de biomas e podem ser usados para mapear toda a vida na Terra.**

GUIA DE BIOMAS PARA OS AMANTES DO VINHO

Os arbustos do Mediterrâneo – também conhecidos como *maquis* na Europa (e "chaparral" nos EUA) – são dos menores e mais exclusivos biomas do mundo. Além do próprio Mediterrâneo, as únicas outras partes do planeta onde aparecem são a Califórnia, o Chile central, Austrália e região de Cape, África do Sul. Esses locais têm verões longos e secos, e invernos úmidos e suaves – clima ideal para o crescimento da plantação mais ilustre do bioma, a parreira.

PARECE FAMILIAR

* Ao contrário de ecossistemas ou hábitats, os ***biomas individuais podem cobrir extensas áreas da superfície terrestre***. A floresta de coníferas, por exemplo, ocupa três quartos de superfície, numa faixa que vai da América do Norte à Sibéria, passando pela Escandinávia. O mais surpreendente é que, à distância, todas as partes da floresta são semelhantes. Se não chegar perto o suficiente para identificar animais e vegetais, será muito difícil dizer com precisão em qual parte você se encontra.

* Essa grande floresta é singular pois tem poucas espécies, muitas delas espalhadas por mais de um continente. Todos os outros biomas –

a floresta de coníferas parece sempre a mesma, esteja onde estiv inclusive os desertos, pradarias e a tundra – compartilham a propriedade de parecerem semelhantes. Eles são o grande tema ecológico da natureza – tema que abrange muitas variações de lugar para lugar.

PALAVRA-CHAVE

BIOMA:
o maior tipo de agrupamento ecológico dentro da biosfera, baseado em formações vegetais características.

EM PARALELO

* Muitos ecólogos reconhecem cerca de doze grandes biomas. Mais importante que saber o número total desses biomas é descobrir por que eles existem. A resposta é que eles se desenvolveram pela EVOLUÇÃO PARALELA – processo que cria adaptações similares em condições climáticas similares. As pradarias desenvolvem-se em lugares muito secos para o surgimento de florestas, mas com chuvas suficientes para impedir o aparecimento de desertos.

a floresta tropical seca está desaparecendo ainda mais depressa que a floresta tropical

MUDANDO O MAPA

* Os biomas aparecem de forma notória em pesquisas ambientais, revelando – entre outras coisas – como a atividade humana tem mudado o mapa original da natureza. Para alguns biomas, como a floresta de coníferas, as mudanças não foram tão ruins. ***Já a floresta tropical ficou reduzida a uma área equivalente à metade de seu território original, e a floresta tropical seca sofreu o pior dos reveses – reduzida a apenas 30% da área que ocupava antes.*** Essa redução aconteceu de várias formas e está no coração da maioria dos problemas ecológicos atuais.

Influência do subsolo

O clima é um fator-chave na formação dos biomas, mas não é o único: o solo também desempenha seu papel. Em algumas partes da bacia do Amazonas, onde o solo é arenoso e estéril, em lugar da floresta tropical "normal", surgiu a caatinga, uma floresta atrofiada composta de árvores finas com folhas duras.

no passado, os esquilos poderiam ter atravessado a Europa sem descer das árvores

HÁBITATS NAS ALTURAS

*** No passado, as florestas cobriam cerca de dois quintos da superfície do solo terreste. A cobertura de árvores era tão extensa que, se um esquilo escolhesse sua rota com cuidado, poderia atravessar a América do Norte ou a Europa sem colocar os pés no chão. Hoje, um esquilo que tentasse repetir essa façanha logo encontraria problemas, pois as florestas cobrem uma extensão bem menor e estão muito mais fragmentadas.**

SINUOSAS ZONAS DE VIDA

O cinturão de coníferas do extremo norte é a maior floresta do mundo, cobrindo cerca de 15 milhões de quilômetros quadrados. No sul, não existe equivalente para essa floresta, pois não há solo onde ela possa se desenvolver. A floresta do norte é conhecida também como floresta boreal – da palavra Boreas, deus mitológico grego que representa o vento do norte.

FLORESTAS DO MUNDO

* O tipo de floresta de uma área é determinado principalmente pela temperatura e quantidade de chuvas. Próximo ao equador, onde o clima é sempre mais úmido e quente, o resultado é a floresta tropical. Essa floresta é o bioma terrestre com maior variedade de vida, mas a maior parte dela está nas alturas, e é difícil enxergá-la. Nas sombras profundas do solo, os animais parecem poucos e esparsos.

* A floresta tropical está sempre nas manchetes, mas não é o único tipo de floresta das regiões quentes. Bem mais

sequóia gigante

distante do equador, onde há estações secas e chuvosas alternadas, a floresta tropical dá lugar à floresta sazonal e depois à floresta seca – um dos biomas florestais mais ameaçados do planeta.

FOLHAS TEMPORÁRIAS

* Nas floresta sazonais e secas muitas árvores perdem suas folhas na estação seca, e ganham nova ramagem quando as chuvas recomeçam. Em regiões temperadas, árvores de folhas largas também ficam nuas, mas isso acontece no inverno. Mais para o norte, onde a floresta temperada dá lugar à floresta de coníferas, o padrão sempre-verde retorna. Lá, as árvores possuem folhas estreitas capazes de sobreviver em temperaturas abaixo de zero.

NA ENÉSIMA DIMENSÃO

* As florestas são tão produtivas do ponto de vista biológico por causa de suas folhas. Se a área de folhas de uma grande floresta for medida, poderá atingir uma área dez vezes maior que a extensão do solo que a abriga. Quando gravetos, galhos e os troncos entram na conta, o total excede essa área muitas vezes mais. Pela simples ação de crescer, as árvores criam um labirinto elaborado de hábitats – labirinto que pode levar séculos para se desenvolver e apenas alguns minutos para ser destruído.

Nem tão quente

A floresta tropical cresce onde o clima seja úmido o ano todo. Embora a maioria das florestas tropicais esteja nos trópicos, áreas esparsas podem ser encontradas em partes temperadas do planeta, como na South Island da Nova Zelândia, no sul do Chile e na costa nordeste da América do Norte. Muitas dessas florestas tropicais temperadas estão ameaçadas pelo desmatamento.

PALAVRA-CHAVE

Folhas largas: expressão usada para descrever qualquer árvore com flor, em contraposição a uma conífera. Curiosamente, algumas árvores de folhas largas – como os salgueiros – na verdade possuem folhas estreitas.

DEIXE A GRAMA CRESCER

as pradarias são nosso hábitat

★ A raça humana se desenvolveu nas pradarias. Por isso a maioria das pessoas fica à vontade nesse tipo de paisagem. Nas florestas, a maior parte da energia solar absorvida é empregada no crescimento das árvores, enquanto nas pradarias quase quatro quintos da energia ficam no solo, onde é usada para formação das raízes.

ALIENÍGENAS A BORDO

Poucos animais digerem a celulose sem ajuda. Por isso, a maioria confia essa tarefa aos microorganismos. Os mamíferos RUMINANTES, como gado, antílopes e seus parentes, abrigam os microorganismos em um grande estômago chamado rúmen. Depois que seus ajudantes quebram a celulose, os ruminantes podem absorver os nutrientes liberados.

antílope

FORÇAS OCULTAS

★ As gramíneas são plantas singulares. ***Suas raízes não são muito profundas, mas podem ser extraordinariamente extensas.*** As raízes do centeio ainda jovem, por exemplo, podem ocupar área superior a 600 m^2 – equivalente a três quadras de tênis. As raízes permitem que a gramínea sobreviva em tempos difíceis e mantêm o solo compacto. Quando as cheias atingem as pradarias, as erosões que poderiam varrer o solo são evitadas.

ALIMENTO BRINCALHÃO

★ As folhas da gramínea têm grandes quantidades de celulose, substância que muitos animais não conseguem digerir. Eles podem sobreviver de gramíneas e

algum outro alimento graças aos microorganismos que os ajudam a quebrar a celulose. O curioso é que ***esses mamíferos até ajudam a gramínea a crescer,*** pois ela se adaptou a servir de pasto, enquanto outras plantas morrem se forem comidas repetidamente.

FEITAS PELO HOMEM

* Originalmente, as gramíneas cobriam cerca de um terço da superfície da Terra. A maior parte foi transformada durante o cultivo da terra, e outras áreas de gramínea foram criadas por causa do desmatamento. O jogo entre homens e gramíneas é bastante complexo. Nos dias de hoje, o resultado é a redução das gramíneas naturais a um quarto de sua extensão original.
* Em alguns lugares, as florestas foram reduzidas a gramíneas há tanto tempo que hoje é difícil dizer se elas são naturais ou não. Mas sem ovelhas, gados e outros ruminantes domesticados, a sucessão ecológica (páginas 42-43) começaria, e essa gramínea "antropogênica" no final reverteria mais uma vez à floresta.

PALAVRAS-CHAVE

RUMINANTE: mamífero que come vegetais e tem sistema digestivo complexo. Quando não estão comendo, eles "ruminam" – regurgitam e ficam mastigando de novo uma parte do alimento digerido.

ANTROPOGÊNICO: em ecologia, efeito ambiental causado pelos humanos.

Gramíneas *versus* árvores

A savana é uma pradaria tropical com poucas árvores. Nesse ambiente, o equilíbrio entre árvores e gramíneas está sempre mudando. Animais e incêndios ajudam a empurrar essas mudanças ora em uma direção ora em outra. Os elefantes, por exemplo, destroem árvores e ajudam as gramíneas, mas também espalham sementes de árvores através de suas fezes.

elefantes espalham sementes através de suas fezes

VIDAS SECAS

★ Enquanto florestas e pradarias são transformadas pelas atividades humanas, os desertos permanecem quase intocados até hoje. Únicos entre os biomas do planeta, eles desfrutam da capacidade de se expandirem em conseqüência da ação humana – o que causa problemas quando invadem áreas usadas para cultivo.

desertos são os locais mais secos da terra

SITUAÇÃO: SECA

Os desertos geralmente têm menos de 15 cm de chuva por ano. Um semideserto é um lugar onde caem de 15 a 30 cm de chuva. Juntos, cobrem cerca de um quarto da superfície terrestre.

Marcas que ficam

Como crescem bem devagar, as plantas do deserto levam muito tempo para se recuperar de um desastre. No fim dos anos 70, os rastros de tanques ainda eram visíveis no deserto do sul da Tunísia, 35 anos após as batalhas da Segunda Guerra Mundial.

PARA SOBREVIVER

★ Nos desertos, a água evapora mais rapidamente do que é reposta. Embora a maioria dos desertos seja quente durante o dia, as variações de temperatura são maiores do que em qualquer outro bioma, e o termômetro às vezes cai abaixo de zero depois que escurece. Grande parte dos desertos está nos subtrópicos, mas as condições desérticas também são encontradas em latitudes mais altas: existem vales desertos até mesmo na Antártida.

★ Os seres vivos do deserto possuem dois métodos de sobrevivência: ou permanecem

cactos

Nada como o lar

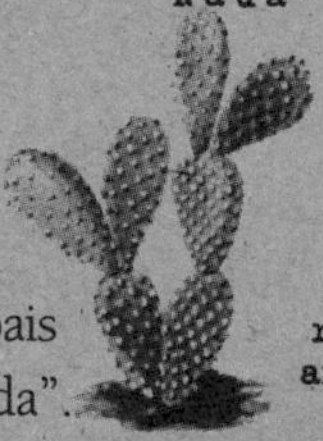

cactos são resistentes em ambientes secos

firmes o ano todo ou desaparecem nos períodos difíceis. Os cactos são os principais representantes do estilo de vida "fortalecida". Têm raízes espalhadas e superficiais que se espalham pelo solo para absorver rapidamente a água durante as raras tempestades. Depois, fazem o possível para não perder nada da água recolhida. Os cactos crescem lentamente, mas vivem muito.

* As plantas desérticas chamadas "efêmeras" fazem o oposto. Germinam durante as poucas horas de chuva e, depois, concentram toda sua energia em um pequeno e rápido período que vai até o florescimento. ***Depois de produzir e espalhar suas sementes, murcham e morrem.***

PALAVRA-CHAVE

EFÊMERO: em botânica, um vegetal com um curto ciclo de vida.

DESERTOS CRIADOS

* A maioria dos desertos está em zonas de ar com alta pressão. Esse ar contém pouca umidade, por isso as chuvas são raras. Os desertos são também formados no centro dos continentes e em "sombras de chuva", ao sotavento de altas montanhas. A Patagônia é árida por causa dos Andes, que bloqueiam os ventos que trazem chuvas do oeste. Como as pradarias, os desertos também podem ser criados pela ação do homem, quando as plantas do solo seco são arrancadas, geralmente por excesso de desmatamento, permitindo que o vento espalhe a terra fértil. Esse processo – DESERTIFICAÇÃO – é um problema grave em muitas partes do planeta.

onde está a água?

PAISAGENS SEM ÁGUA

Como têm pouca vegetação, os desertos sofrem com a erosão causada pela água que cai em tempestades irregulares. A falta de plantas e de solo faz com que a maior parte da água escoe em fluxos rápidos, em vez de se infiltrar na terra.

FRIO GLACIAL

★ Em altitudes extremas e altas latitudes, os seres vivos enfrentam sérios problemas para sobreviver – temperaturas abaixo de zero, ventos fortes e constante falta de alimento. Mas a vida em montanhas e perto dos pólos tem suas vantagens. Com poucas espécies competindo por espaço, é mais fácil ter sucesso.

Abaixe a cabeça!
Na tundra, os ventos fortes obrigam as plantas a "abraçar" o solo. No inverno, esses vegetais ficam cobertos de neve, o que os protege das temperaturas glaciais do ambiente externo. Para a vegetação da tundra, a sobrevivência é mais difícil onde a camada de neve é mais fina.

QUE REVIGORANTE!

★ Em muitas partes do mundo, a temperatura média do ar cai cerca de 6,5°C a cada 1.000 m de altitude. Conhecida como a TAXA DE LAPSO DE TEMPERATURA, isso explica as semelhanças ecológicas entre os locais mais altos e os mais próximos dos pólos. O noroeste do Canadá, por exemplo, é coberto pela tundra antártica – expansão sem árvores com gramíneas e plantas em forma de almofadas que crescem entre os campos cobertos de neve e as rochas devastadas pelo frio. Cerca de 3.000 km para o sul, um ambiente quase idêntico – tundra alpina – pode ser visto nos picos das Montanhas Rochosas. A diferença entre eles é que a tundra canadense fica próxima do nível do mar, enquanto a tundra das Montanhas Rochosas fica a 3.500 m de altitude.

DIAS SEM FIM

★ Entre os biomas, a tundra é um local de extremos. A tundra do Ártico é um bom exemplo, pois as mudanças sazonais da região não incluem apenas variações de temperatura, mas também alterações na duração dos dias. O dia claro de 24 horas do breve verão ártico cria uma das mais concentradas explosões de atividade biológica já vista no planeta – as plantas florescem, os ovos são quebrados e bilhões de pulgões e mosquitos emergem para respirar.

mosquito

★ O dia de 24 horas ajuda a explicar porque a vida marinha é tão abundante perto dos pólos. O número das populações do plâncton fotossintético cai para níveis ínfimos no inverno. No verão, explode, gerando um imenso suprimento de alimento que circula entre peixes, pássaros e mamíferos.

★ A água gelada do mar não parece o pano de fundo ideal para os seres vivos, mas é curioso como o frio acaba tornando-se uma vantagem. Isso acontece porque a água fria do mar pode reter muito mais oxigênio dissolvido e dióxido de carbono do que a água quente, ajudando a vida marinha a proliferar.

ENTRE, A ÁGUA ESTÁ UMA DELÍCIA

No auge do inverno, a temperatura do ar no **Ártico e na Antártida pode ser inferior a -40°C,** mas a água do mar mantém uma temperatura de, no mínimo, -1,8°C, porque abaixo desse ponto a água salgada se congela. Assim, é muito mais quente dentro d'água do que fora dela. O lado negativo é que a água do mar é melhor condutora de calor que o ar e, por isso, retira o calor do corpo dos animais. Os pássaros e mamíferos polares protegem-se contra a perda de calor com uma camada de gordura ou óleo isolante.

óleo e gordura mantêm os ursos polares quentes

pode vir, tá quente

MUNDOS DE ÁGUA FRESCA

★ Os ecólogos às vezes parecem ter um interesse obsessivo por ambientes com água pura mas, com um pouquinho de conhecimento, é fácil deduzir o porquê. Em geral, a vida pulula nesses ambientes. Infelizmente, eles são os primeiros na linha de fogo das mudanças causadas pela poluição ambiental.

FRENESI ALIMENTAR

★ Nada pode sobreviver na água pura porque todas as formas de vida aquática precisam de nutrientes minerais básicos. Nos riachos e lagos nas montanhas, o solo ao redor em geral não é fértil – o que significa que o suprimento de nutrientes é pobre. Por isso, a água contém poucos animais e plantas, e é geralmente cristalina.

★ Essas condições OLIGOTRÓFICAS contrastam com as condições EUTRÓFICAS que são comuns em solo mais baixo, onde os lagos são cercados de terra fértil. Nessas áreas, os nutrientes quase nunca faltam. A chuva leva os nutrientes do solo e a primavera traz uma explosão de população da vida microscópica. Esse surto de produtividade biológica gera grandes quantidades de alimento para os animais e produz

MUNDO ESTRATIFICADO

Como a densidade da água varia de acordo com a temperatura, lagos profundos são em geral divididos em duas camadas separadas por uma fronteira invisível chamada TERMOCLINA. Essa divisão é mais marcada no verão, quando a superfície fica mais quente. No outono, a termoclina costuma se reduzir à medida que a água da superfície esfria e afunda, misturando as camadas que antes estavam separadas.

uma chuva constante de restos orgânicos que formam um lodo rico no fundo do lago.

* No entanto, o que é bom pode acabar sendo demais. Quando os fertilizantes sintéticos ricos em nutrientes são levados para fontes e rios, a explosão de população pode fugir ao controle. Em vez de sustentar a vida, pode causar um grande desastre.

PALAVRAS-CHAVE

EUTRÓFICO: literalmente "alimento em abundância"; aplica-se à água enriquecida por nutrientes necessários para o crescimento de plantas e do fitoplâncton.
OLIGOTRÓFICO: literalmente "pouco alimento"; aplica-se à água que contém concentrações relativamente baixas de nutrientes.

PÂNTANOS EM EXTINÇÃO

* Durante longos períodos – centenas ou milhares de anos – a água superficial é invadida pelas plantas. Essa forma lenta e furtiva de SUCESSÃO ECOLÓGICA cria pântanos onde a vegetação cobre o solo dos alagados. Nesses locais, o solo é profundo e rico, pois os restos de plantas se acumulam mais rapidamente do que desaparecem.

* Os alagados cobrem apenas uma pequena fração da superfície da terra, mas sua importância biológica é inversamente proporcional ao seu tamanho. Atuam como sistemas naturais de filtragem de água e de barragem contra erosões e são lar e jardins de inverno para muitos pássaros. Desde os últimos dois séculos, os alagados do mundo estão desaparecendo rapidamente. Muitos deles têm sido drenados e transformados em campos. Somente nos EUA cerca de 200.000 hectares de alagados são destruídos a cada ano.

vida no alagado

PRAIAS E MARES

★ Física e biologicamente, praias e mares são tão diferentes quanto giz e queijo. As praias mudam a cada subida e descida da maré, mas o mar aberto é um local onde as condições são muito mais estáveis e mudanças repentinas são bastante raras. De todos os ambientes da Terra, o mar tem sido o último a sentir o impacto da raça humana.

Posseiros e viajantes

Os biólogos marinhos classificam os seres vivos de acordo com o local onde vivem e com a maneira como se movimentam. As espécies LITORÂNEAS vivem na costa, as PELÁGICAS vivem no mar aberto e as BÊNTICAS, vivem dentro ou no fundo do mar. As formas de vida PLANCTÔNICAS são levadas pelas correntes, enquanto as NECTÔNICAS são grandes o suficiente para nadar através da água.

NO FUNDO DO OCEANO

★ Os ecólogos acumulam dados suficientes sobre as praias e seus habitantes naturais – principalmente sobre aqueles que não migram; a vida em mar aberto, porém, ainda é pouco estudada. Níveis de oxigênio, temperatura e salinidade têm um efeito sobre os seres que vivem no mar, mas a luz é mais importante.

★ Mesmo na ***água marinha mais transparente encontrada na Antártida***, a luz não penetra mais que 300 m. Acima desse nível, na zona fótica, os organismos fotossintéticos podem gerar alimento. Abaixo desse nível, na ZONA AFÓTICA, constantemente escura, não há fotossíntese, o que impede a sobrevivência desses organismos. Como resultado disso, a vida abaixo da barreira de luz depende quase que totalmente de matéria orgânica à deriva na superfície que desça para o fundo. Essas guloseimas orgânicas

operador de sonar

incluem microorganismos mortos, junto com alimentos ocasionais muito mais nutritivos, como peixes, pássaros marinhos, focas e mesmo baleias mortos. Como a média de profundidade dos oceanos é de mais de 3.500 m, a zona fótica é uma fina fração dos oceanos como um todo.

COMIDA QUE VEM DO MAR

* Durante milhares de anos, os seres humanos exploraram as costas dos mares em busca de alimento. Uma idéia da pilhagem feita é fornecida pelas montanhas de conchas da América do Norte, deixadas para trás pelos nativos que colhiam moluscos ao longo da costa. A pesca também é uma atividade antiga, porém nunca existiu na escala que conhecemos hoje.

traineira de pesca

* Ao contrário dos hábitats da terra, o mar não foi transformado pela ocupação humana, mas é cada vez mais afetado pela forma como vivemos. Muitas mudanças estão concentradas em áreas próximas da costa, em recifes de coral e em águas superficiais sobre as camadas continentais. *Em algumas áreas de pesca no norte do Atlântico, o leito do mar está entrecruzado por trilhas abertas pelas redes das traineiras, comprovando que mesmo esse mundo distante, não está fora de alcance.*

FUNDOS FALSOS

A invenção do sonar em 1917 tornou possível mapear o leito do mar com o som. Quando os oceanógrafos usaram essa nova tecnologia ficaram surpresos ao encontrar baixios no mar aberto e profundo. ***Oficialmente rotulados de "profundas camadas espalhadas", elas eram, na verdade, cardumes de peixes e plâncton animal.*** Esses cardumes fazem migrações verticais diárias, alimentando-se perto da superfície à noite e escondendo-se nas águas profundas durante o dia.

A GEOGRAFIA DA VIDA

*** Se o clima fosse o principal fator na determinação "do que vive onde", os pingüins viveriam no Ártico e os iaques, nas Montanhas Rochosas. No mundo real, a natureza não funciona dessa forma, pois cada ser vivo possui uma história que os relaciona a um determinado hábitat em uma parte específica do planeta.**

O TEMPO DA HISTÓRIA

* Cada espécie da Terra é originada uma única vez. Algumas nunca vão para muito longe de onde surgiram, outras conseguem se espalhar em locais mais distantes. Mesmo que o animal ou o vegetal sejam bons em se dispersar, chega uma hora em que as barreiras geográficas e climáticas não podem ser ultrapassadas. *Portanto, sua distribuição é restrita.*

ELABORANDO O MAPA

O pioneiro na ciência da biogeografia foi o naturalista inglês **Alfred Russel Wallace** (1823-1913). Famoso por seu trabalho sobre evolução (quase tirou o posto de Darwin), Wallace viajou pelos trópicos e passou muitos anos no sudeste da Ásia. Chegou à conclusão de que o mundo pode ser dividido em seis "regiões de fauna": NEOÁRTICA (América do Norte), NEOTROPICAL (América Central e do Sul), PALEÁRTICA (Europa, norte da África e centro e nordeste da Ásia), ETIÓPIA (África e Arábia), ORIENTAL (sudeste da Ásia) e AUSTRALÁSIA (Austrália, Nova Zelândia e Nova Guiné). Cada região possui uma vida animal característica.

Alfred Wallace

✱ O sabor regional da vida funciona em uma grande variedade de escalas. Nas ilhas do Havaí, por exemplo, muitas espécies de cobras estão confinadas a certos vales, enquanto na África tropical, muitos peixes de água doce vivem apenas em alguns lagos. Em nível bem mais extenso, grupos inteiros de espécies tendem a ficar restritas a grandes áreas da superfície terrestre, conhecidas como regiões biogeográficas.

SOZINHO EM CASA

✱ ***Essas regiões apareceram em grande parte porque os continentes estão em movimento. Durante milhões de anos eles colidiram e separaram-se repetidas vezes, levando plantas e animais***. Os continentes que se uniram relativamente há pouco tempo – como a América do Norte e a Europa – estão propensos a ter uma vida selvagem similar porque suas espécies tiveram a oportunidade de se misturar. As massas de terra que ficaram isoladas por muito tempo, como Austrália e Madagascar, possuem grande proporção de ESPÉCIES ENDÊMICAS – não são encontradas em nenhum outro lugar.

✱ Plantas e animais endêmicos são vulneráveis à introdução de espécies estrangeiras, pois têm poucas condições de competir. No caso de uma ilha remota como a Maurício, a introdução de espécies provocou forte impacto. A ilha perdeu seu habitante mais ilustre, o dodô, em 1680, e hoje em dia 40% de suas espécies de mamíferos e pássaros nativos estão ameaçados de extinção.

Alfred Wegener

Você está brincando!

A teoria da separação dos continentes foi proposta pela primeira vez em 1912, pelo geólogo alemão **Alfred Wegener** (1880-1930). Ridicularizada na época, foi comprovada, em 1960, pelas evidências da expansão do solo dos mares.

ÚNICA CASA

Acredita-se que o peixinho do gênero *Cyprinodon* possua uma das mais restritas distribuições em relação a qualquer outro animal da Terra. A espécie inteira – cerca de 400 tipos – vive em um único lago no deserto de Nevada.

Dodô

RELAÇÕES DISTANTES

*** Como carrinhos de corrida de um parque de diversão, em câmara lenta, os continentes foram compondo um complexo curso durante seus milhões de anos à deriva. Ao mesmo tempo, os níveis do mar foram subindo e descendo e o clima da Terra, esquentando e esfriando. Essas mudanças geológicas e climáticas afetam todos os seres vivos, algumas vezes mantendo os parentes unidos, outras, forçando a separação.**

ADEUS, COMPANHEIROS

* Tanto o reino animal quanto o vegetal têm grupos de espécies muito próximas, cujo hábitat está distribuído em partes separadas do globo. As antas, por exemplo, são encontradas na América do Sul e Central e no sudoeste da Ásia. As magnólias crescem na América do Norte e na China, e as faias do sul vivem no Chile e na Nova Zelândia – dois países com climas similares, mas a milhares de quilômetros de distância. Essas DISTRIBUIÇÕES IRREGULARES intrigaram os naturalistas do século XIX, que imaginaram várias explicações engenhosas. A razão verdadeira ficou de lado – os continentes podem se dividir, separando animais ou vegetais que viviam juntos.

SEM FRONTEIRAS

O sudoeste da Irlanda é a moradia de uma planta extraordinária: o morangueiro (*Arbutus unedo*). Hoje, a maior parte deles cresce na costa banhada pelo sol do Mediterrâneo, mas no fim da última Era Glacial se espalharam pela costa oeste da Europa, alcançando a Irlanda por uma faixa de terra que unia as duas regiões. Quando essa ponte natural desapareceu, os bolsões ficaram encalhados no posto avançado irlandês.

PONTES SUBMERSAS

* A separação dos continentes explica os espaços gigantescos na distribuição das espécies – do tipo que pode se estender por toda a Terra. Mas a separação pode ocorrer quando o clima está mudando rapidamente, alterando as condições locais ou a paisagem.

* Quando a temperatura média cai, os níveis do mar também baixam porque as coberturas de gelo da Terra aumentam. Os baixos níveis do mar deixam expostas as partes mais superficiais do leito, permitindo que plantas e animais se espalhem em ilhas distantes da costa. Quando a temperatura recomeça a subir, o efeito é inverso. As pontes naturais ficam submersas, deixando encalhado tudo aquilo que não pode voar ou nadar.

* O aumento da temperatura pode forçar migrações de espécies adaptadas ao frio para regiões altas, fazendo com que se estabeleçam nas montanhas. Isso aconteceu com uma árvore chamada abeto espanhol, que recuou para o alto das montanhas no fim da última Idade Glacial, ficando "presa" nas montanhas do sul da Espanha. Se o AQUECIMENTO GLOBAL produzir outro aumento exorbitante de temperatura, muitas plantas e animais podem acabar subindo as montanhas para escapar do calor.

A pega misteriosa

A distribuição da pega de asas azul-celeste (*Cyanopica cyana*) é uma das mais bizarras do mundo animal. Ela é encontrada no Extremo Leste, em Portugal e na Espanha. Uma explicação para esse grande espaço entre uma região e outra é que a ave foi levada para a Europa pelos comerciantes, vários séculos atrás. Outra – considerada mais provável pelos ornitólogos – é que a pega teria vivido em toda a Europa, mas foi obrigada a recuar para o leste e oeste por causa das mudanças climáticas. No fim, não sobrou nenhuma pega na região central.

seres de uma mesma espécie podem ser separados pelo aumento dos níveis da água

CAPÍTULO 2

UMA QUESTÃO DE NÚMEROS

★ Seja você um lemingue, um líquen em uma rocha ou um dos seis bilhões de seres humanos sobre a Terra, três verdades comandam sua vida: nascer, envelhecer e, cedo ou tarde, morrer. Exprimir esses eventos – e outros mais – em números nos ajuda a explicar porque a Terra não está soterrada sob montanhas de peixes ou bactérias, e porque as populações crescem e diminuem.

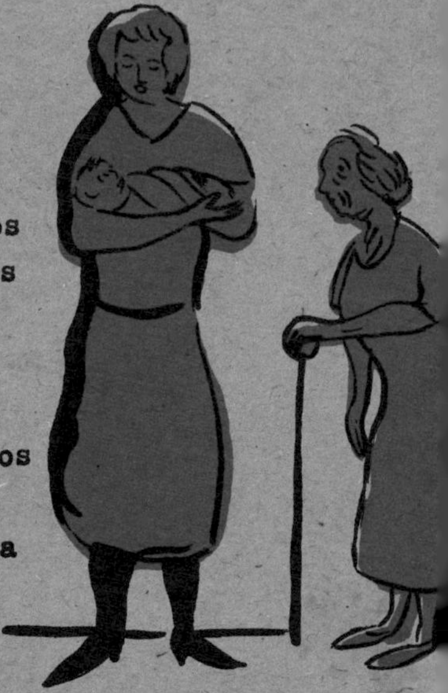

existem três certezas na vida – nascer, viver e morr

gosto muito de ser um lemingue

Você é um ou um grupo?

Para os ecólogos devoradores de números, as plantas podem ser mais difíceis de lidar do que os animais. O limite entre os indivíduos nem sempre é muito claro. Grupos de *Salicaceae Populus* costumam estar ligados por caules subterrâneos ou raízes, dificultando saber quantos "indivíduos" existem em um grupo.

FICANDO UNIDOS

★ Em ecologia, os números mais importantes são os que se relacionam com as populações. No sentido biológico, população é <u>COLEÇÃO D INDIVÍDUOS DA MESMA ESPÉCIE</u> que vive na mesma área e época. Por exemplo, os Grous (*Grus americana*) ameaçados de extinção que s reproduzem no Parque Nacional Buffalo Wooc em Alberta formam uma população singular ((tristemente devastada). Por outro lado, os papagaios-do-mar que se reproduzem nas costas do Atlântico Norte compõem um grande número de populações, pois, em graus variados, cada grupo está separado de seus vizinhos.

garça

TAXAS NAS ALTURAS

★ Um recurso-chave das populações é a existência de um fluxo livre de genes – ou seja, a inexistência de barreiras que impeçam o acasalamento de um par de seres adultos. Outra característica fundamental é que, se houver oportunidade, seus números possuem potencial para crescer. Em algumas populações, como nos rebanhos de elefantes, a taxa de crescimento é bastante baixa. Em grupos de pequenos animais e na maioria das espécies vegetais, é tão grande que logo torna-se difícil calcular os números da prole. Os arenques, por exemplo, poderiam ocupar o Atlântico inteiro em questão de anos. Organismos menores, como as bactérias, têm taxas de reprodução ainda maiores. Poderiam, supostamente, inundar a Terra em semanas.

os membros das populações podem se acasalar

★ *Felizmente, isso não acontece. Ao contrário, é incrível como os números das populações na natureza permanecem semelhantes de ano para ano. Esse é um fato que torna a explosão de população humana ainda mais surpreendente.*

FAZENDO O CENSO

Estabelecer o tamanho das populações naturais nem sempre é tão fácil quanto parece. Com os animais, um atalho útil é a técnica de marcar/recapturar. Primeiro, um número de indivíduos é capturado e identificado, em geral com uma etiqueta ou uma mancha de tinta. Depois, esses animais são liberados e vários dias depois outro lote é capturado. Nesse segundo grupo, a proporção relativa de animais marcados e não-marcados é usada para calcular o total estimado do tamanho daquela população.

para estabelecer o tamanho das populações naturais é necessário fazer muitas contas

Qual é seu prazo de validade?

Gráficos chamados tabelas de vida fornecem análise completa da estrutura de idades de uma população. Mostram as taxas de mortalidade e a futura expectativa de vida, que mudam com a idade. Tabelas de vida detalhadas têm sido elaboradas para populações de seres humanos e utilizadas pelas corretoras de seguro para calcular o valor do prêmio que deve ser pago a cada cliente.

DE OLHO NA IDADE

★ Para a maioria dos seres vivos a vida é um negócio precário. Só que, em termos estatísticos, alguns períodos da vida são mais perigosos que outros. Os pardais jovens, por exemplo, têm dez vezes mais chances de morrer em seu primeiro ano de vida que no segundo. Depois desse prazo, suas chances de sobrevivência aumentam. Para as populações selvagens – e para aqueles que compram seguros de vida – essas diferenças relacionadas com a idade têm implicações importantes.

corretores de seguros apostam em suas chances de morrer

COTAS INJUSTAS

As pirâmides de vida são divididas em duas metades, mostrando os números relativos de seres dos sexos masculino e feminino em cada idade. Nos humanos, as pirâmides de idade são ligeiramente diferentes na base porque nascem mais meninos que meninas. Também ficam desequilibradas no topo, pois, em idade avançada, morrem mais homens que mulheres.

AS TRISTEZAS DA IDADE

★ Algumas espécies de animais e vegetais têm gerações separadas no tempo – cada uma se reproduz e morre antes que a próxima se desenvolva. Na maioria dos casos, as populações são formadas por GERAÇÕES SOBREPOSTAS com indivíduos de idades diferentes vivendo ao mesmo tempo. Os gráficos chamados PIRÂMIDES DE IDADE mostram a porcentagem de indivíduos em cada faixa etária.

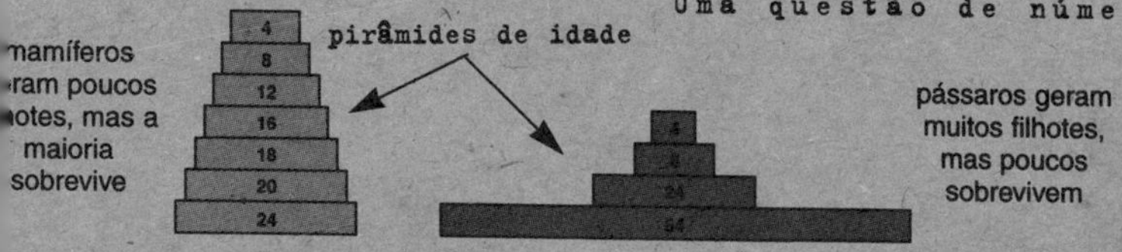

pirâmides de idade para mamíferos e pássaros

✱ Essas pirâmides contam histórias interessantes. No caso dos pardais, por exemplo, a pirâmide tem base muito larga, mostrando que as populações de pardais têm muitos filhotes no primeiro ano de vida. Na camada seguinte, correspondente ao segundo ano, a primeira se afunila de repente, pois mais de 90% dos pardais jovens morrem. Daí em diante, a pirâmide continua com o mesmo afunilamento, o que significa que, depois de ter atingido seu primeiro aniversário, um pardal corre aproximadamente o mesmo risco de morrer a cada ano.

EXPANSÃO DA MEIA-IDADE

✱ ***A forma das pirâmides de idade varia de acordo com a espécie***. As pirâmides dos peixes marinhos, por exemplo, têm a base muito larga, já que numerosos peixes morrem poucas semanas depois de saírem dos ovos. As pirâmides de baleias e de outros animais que se reproduzem lentamente são mais altas e estreitas, o que significa que uma grande proporção de jovens sobrevive até a velhice.

✱ ***As pirâmides de idade de uma espécie também variam de acordo com as populações e épocas***. Se as taxas de reprodução aumentam de repente, a base da pirâmide incha à medida que jovens atingem a idade de reprodução. Quando isso acontece, uma EXPLOSÃO DE POPULAÇÃO está por vir.

PALAVRAS-CHAVE

EXPECTATIVA DE VIDA: tempo médio que um indivíduo ou grupo pode esperar viver.

MORTALIDADE: probabilidade de morrer em um determinado período de tempo.

esquilo cinza

No topo

Como muitos seres vivos morrem quando jovens, a expectativa de vida não diminui em proporção regular: ao contrário, aumenta durante os primeiros anos de vida. Por exemplo, os esquilos cinza têm expectativa de vida de pouco mais de um ano (1,01) logo depois do nascimento; no período entre dois e três anos essa expectativa sobe para 1,9.

gráfico com uma curva em

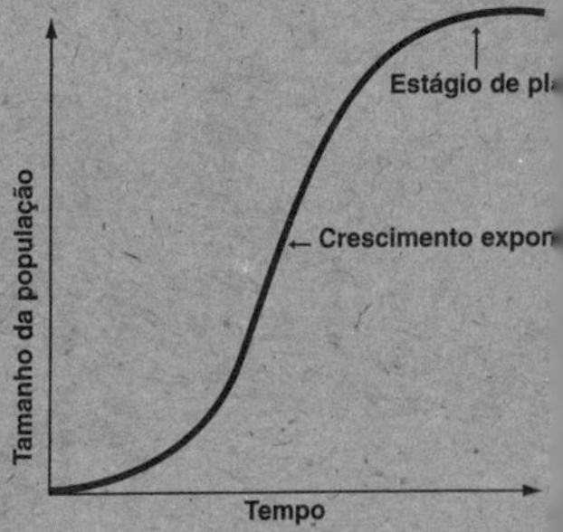

A CURVA EM S

★ O crescimento recorde da população humana é um dos tópicos mais quentes da ciência ambiental. Os estudos a respeito de animais não podem ser relacionados diretamente com o mundo humano, porém mostram o que acontece durante as explosões populacionais naturais e – o que é ainda mais significativo – o que costuma provocar essas explosões.

Embolsando os juros

O crescimento da população é muito parecido com a composição dos juros e pode ser calculado da mesma forma. *Por exemplo, se você investe R$ 1.000 durante dez anos a uma taxa de 5%, o montante que você poderia resgatar – no caso do banco não falir – é calculado com base na equação $x(1+i)n$.* Nessa fórmula, *x* é o montante inicial investido, *i* é a taxa de juros e *n* é o número de anos. O resultado é igual a R$ 1.629. Esse também seria o número de animais produzidos em dez anos numa população que cresce a 5%.

a superpopulação pode ser um problema séric

MANIA DE BESOUROS

★ *No laboratório, os insetos são usados para estudar a forma como as populações mudam.* Alguns besouros podem viver só de farinha, facilitando a criação de populações fechadas e o monitoramento de seu crescimento e morte. Quando uma típica colônia de besouros desse tipo é criada, sua população aumenta lentamente. Depois, a taxa de crescimento sobe até alcançar um valor máximo. Após um período de rápido crescimento, cai de novo até que o crescimento seja interrompido.

✱ Mostrado em um gráfico, esse tipo de crescimento produz curva em S. O começo da inclinação marca um período de aumento exponencial. O ponto máximo da curva é determinado pelo POTENCIAL REPRODUTIVO dos besouros, fixado pelo tempo necessário para completar seu ciclo de vida e pelo número de ovos que eles produzem. Quanto mais rapidamente os besouros produzem os ovos, mas íngreme se torna a curva.

besouros que se alimentam de farinha são boas cobaias para estudo das populações

DUPLICANDO

✱ Um modo fácil de interpretar essa inclinação é transformá-la em uma cópia ao revés. À medida que a taxa de crescimento de uma população aumenta, sua cópia diminui, alcançando o mínimo quando seus membros estão se reproduzindo com toda a sua capacidade. ***No caso dos besouros da farinha, o mínimo tempo ao revés é de cerca de dez dias***. Para as ratazanas do campo, é dois meses e meio, para os grandes mamíferos é de, geralmente, dez anos.

✱ Esses números não significam que as populações animais cresçam exatamente a essas taxas. O que eles mostram é como o crescimento pode ser rápido quando não existe nenhuma pedra no caminho.

PALAVRAS-CHAVE

CRESCIMENTO EXPONENCIAL: taxa de crescimento afetada pelo tamanho de uma população em expansão. Quanto maior a população, maior a taxa de crescimento.

POTENCIAL REPRODUTIVO: taxa de crescimento de uma população em condições ideais. Conhecido como **potencial biótico.**

ratazana do campo

PISANDO NO FREIO

★ Na natureza, as populações atingem suas taxas máximas de crescimento somente quando as condições são ideais. Nas raras ocasiões em que isso acontece, os bons tempos não duram para sempre. Mais cedo ou mais tarde, fatores ambientais começam a baixar essas taxas e quanto mais indivíduos tem uma população, mais importantes são esses fatores.

humanos estão se reproduzindo a uma taxa recorde

FAZER O BEM SEM OLHAR A QUEM

Em algumas situações, o comportamento dos animais parece beneficiar os outros mais do que a eles próprios. Por exemplo, os pássaros pais – principalmente os gaios – às vezes são auxiliados por outros adultos sem filhos. Em muitos casos, os ajudantes são na verdade parentes próximos. Dando uma mãozinha com os filhotes, eles garantem a sobrevivência dos jovens e a continuidade dos genes em comum.

gaio

BOM DEMAIS PARA DURAR

★ Os fatores que dão um banho de água fria no crescimento populacional funcionam de duas formas. Os fatores físicos, como clima ruim, costumam ter mais ou menos o mesmo efeito sem levar em conta o tamanho da população. Os fatores biológicos trabalham de forma mais sutil, porque estão diretamente relacionados com a densidade da população: quanto maior a densidade, maior é o efeito que causam. Entre eles estão ***os riscos de aumento de doenças e de ataques*** e, o mais importante de todos, ***a crescente competição pelos recursos essenciais para a vida***.

★ Há muito tempo os ecólogos discutem qual desses fatores seria mais importante na manutenção do controle da população. Hoje, há um consenso de que ambos

aqui não tem lugar para nós dois

fazem seu papel, embora, em certas épocas, um possa ser mais importante que o outro.

ABUNDÂNCIA *VERSUS* PRUDÊNCIA

* O máximo de indivíduos que uma área pode suportar por tempo indefinido é chamado de CAPACIDADE SUPORTE. Nos ambientes naturais, as populações oscilam um pouco abaixo da capacidade suporte. Às vezes, ultrapassam esse número mas, cedo ou tarde, há uma queda para manter o equilíbrio.

* Os limites dessas oscilações têm levado alguns ecólogos a ponderar se os animais têm formas de controle da taxa populacional – por exemplo, reduzindo "deliberadamente" o tamanho de sua família quando o suprimento de alimento diminui. Parece uma idéia interessante, mas alguns especialistas consideram-na improvável. ***O auto-controle exigiria que a seleção natural funcionasse de forma incomum, favorecendo as populações "prudentes" em detrimento dos interesses dos indivíduos. O mais provável é que o interesse particular – mais que a prudência – ajude os animais a sobreviver em tempos difíceis.***

a pressão sobre os recursos é um dos resultados da superpopulação

PALAVRA-CHAVE

CAPACIDADE SUPORTE: tamanho máximo da população que um ambiente pode suportar a longo prazo.

Futuro negro

Um dos primeiros a escrever sobre os fatores biológicos que influenciam o crescimento populacional foi o economista e pastor inglês **Thomas Malthus** (1766-1834). Em seu *Essay on the Principle of Population* (Um ensaio sobre o princípio da população), ele apontou a disparidade existente entre o aumento exponencial da população humana e o aumento linear do fornecimento de alimento. Malthus concluiu que a população humana cresce sempre, com exceção dos momentos em que é abatida pela fome, doença ou guerra. Em 1838, **Darwin** percebeu que as idéias de Malthus poderiam ser aplicadas ao mundo natural – um avanço que lhe permitiu formular a teoria da evolução.

AO VENCEDOR, TUDO

*** A competição com os vizinhos próximos é apenas uma das facetas da luta pela sobrevivência. Além de competir com seus semelhantes, os seres vivos precisam competir com membros de outras espécies. Alguns experimentos ecológicos clássicos, datados de 1930, mostram que, quanto mais parecidos são os competidores, mais intensa é a luta.**

PALAVRAS-CHAVE

COMPETIÇÃO INTRA-ESPECÍFICA: competição por recursos entre membros da mesma espécie.

COMPETIÇÃO INTERESPECÍFICA: competição por recursos entre membros de espécies diferentes.

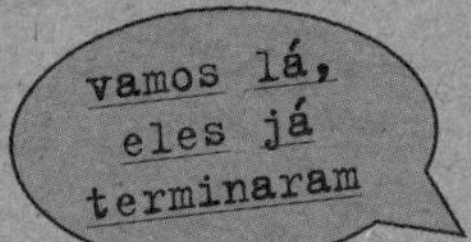

Largando na frente

Pesquisa realizada na década de 50 pelo ecólogo norte-americano Thomas Park mostrou que, quando duas espécies competem, a vitória geralmente depende das condições ambientais. Park descobriu que, quando os besouros da farinha crescem em condições secas e frias, a espécie *Tribolium confusum* quase sempre ultrapassa sua parente próxima, a *Tribolium castaneum*. No entanto, quando o "clima" dos besouros foi reajustado, tornando-se mais úmido, as posições foram invertidas, e a *Tribolium castaneum* assumiu a dianteira.

DUETO MORTAL

* Os experimentos foram realizados pelo biólogo russo **G. F. Gause**, que trabalhou com microorganismos de água doce chamados *Paramecium*. Gause selecionou duas espécies muito semelhantes – *Paramecium aurelia* e *Paramecium caudatum* – e cultivou-as em frascos de laboratório, tanto sozinhas quanto em conjunto. Depois de abastecer esses ambientes em miniatura com alimento, ele monitorou os números das espécies ao longo do tempo.

✱ Sozinhas, as duas espécies mostraram curvas de crescimento em S típicas, com os números se elevando um pouco no final. Cultivadas em conjunto, o resultado foi bem diferente – desastroso para a *Paramecium caudatum*. Em duas semanas, a sua população chegou a quase zero, enquanto a *Paramecium aurelia* desenvolvia-se a toda velocidade.

EVITANDO A MUDANÇA

✱ Experiências como essas destacam a dura realidade da vida: quando duas espécies competem diretamente, não existe espaço para as duas. A espécie com vantagens vai pressionando a adversária até eliminá-la. Esse é o chamado princípio de Gause, ou PRINCÍPIO DA EXCLUSÃO COMPETITIVA.

✱ À primeira vista, a teoria do "vencedor que toma conta do pedaço" parece uma péssima notícia para o *Paramecium caudatum* e sua turma. Mas a situação não é tão desastrosa assim. No mundo real, as condições são mutáveis; quando as circunstâncias se alteram, o vencedor corre o risco de passar para o outro time. ***Além disso, as espécies não abandonam a competição. Elas se adaptam, alterando sutilmente a maneira como vivem***. O resultado desse processo é que cada espécie desenvolve seu próprio nicho ecológico (páginas 36-37) e, não importa o quanto sejam semelhantes, é difícil que entrem em confronto direto.

A GUERRA DOS ESQUILOS

Quando duas espécies que viviam isoladas são colocadas em contato, a competição pode ter resultados dramáticos. Quando os esquilos cinza norte-americanos, mais competitivos, foram introduzidos na Inglaterra e no País de Gales, entre 1870 e 1930, expulsaram os esquilos vermelhos nativos da região e ocuparam a maior parte do território. Outra invasão semelhante aconteceu quando os esquilos cinza foram levados para o Vale do Pó, na Itália, em 1948.

esquilo vermelho

esquilo cinza

PREDADORES E PRESAS

★ Os experimentos de G. F. Gause também exploraram a forma mais mortal de competição – a perseguição e morte de uma presa. Usando o *Didinium*, um caçador microscópico, porém determinado, ele descobriu que, quando um predador lança-se sobre a presa, as conseqüências a longo prazo são muitas.

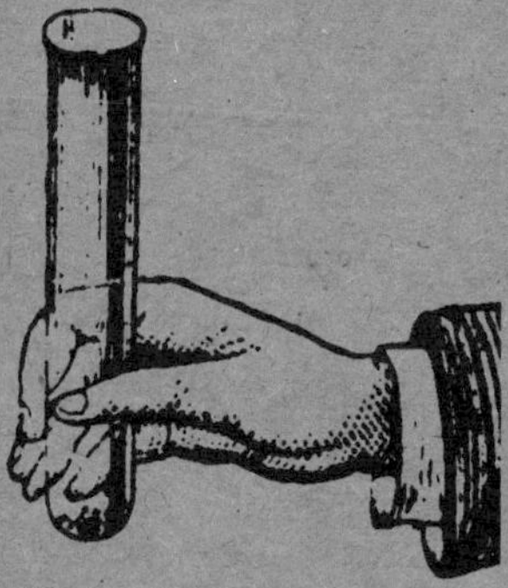

não, espere! prometo que, dentro de um minuto, alguma coisa vai acontecer

não quero ser a presa nunca mais

NÃO TEM ONDE SE ESCONDER

★ Como o *Paramecium*, o *Didinium* é unicelular. Embora tenha apenas 0,1 mm de comprimento, seu apetite é gigantesco, fazendo-o consumir mais de dez *Paramecium* por dia. ***Essa alta taxa de consumo de alimento faz do Didinium a espécie ideal para o estudo da relação predador-presa, pois causa um rápido impacto no número de vítimas.***

★ Quando soltou seu caçador microscópico, Gause descobriu que sua população, e também a das presas, comportava-se de três maneiras. Se o "ambiente" fosse mantido de forma simples – um tubo de ensaio normal cheio de água – os predadores logo encontravam suas vítimas. Depois que devoravam todos, logo morriam. Se o ambiente fosse um pouco mais complexo, com a adição de seda de vidro no fundo do tubo de ensaio, as chances das presas aumentavam

OS NÚMEROS ESTÃO AÍ

Durante meados da década de 20, o matemático norte-americano **Alfred Lotka** e o biólogo italiano **Vittora Volterra**, de forma independente, chegaram às mesmas equações matemáticas, que previam o resultado da disputa dos mesmos recursos por espécies diferentes e também da relação predador-presa. As equações Lotka-Volterra fornecem uma base teórica para os resultados alcançados por Gause em seus experimentos em frascos de laboratório.

notavelmente. No esconde-esconde microscópico, alguns *Paramecium* sempre conseguiam escapar. ***Mas assim que os predadores comiam todo o alimento que conseguiam achar, morriam de fome.***

A TERCEIRA VIA

✱ Na vida real, os caçadores e suas presas não ficam trancados em ambientes isolados. Eles circulam, abandonando áreas onde o alimento é escasso e partindo para regiões melhores. ***Periodicamente, Gause adicionou um pequeno número de predadores ou presas ao grupo e, depois, mapeou os resultados.*** Dessa vez, nenhuma espécie desapareceu. As duas populações começaram a oscilar, com os predadores seguindo os altos e baixos das presas. Sempre que o número de presas começava a cair, o número de predadores também diminuía, dando às presas a oportunidade de se recuperar. Quando isso acontecia, os predadores dispunham de mais alimento, e o ciclo recomeçava.

✱ Ao contrário dos anteriores, o experimento de Gause criou um mundo onde as DUAS ESPÉCIES PODIAM COEXISTIR. Apesar de sua simplicidade, o teste refletiu o que acontece na natureza.

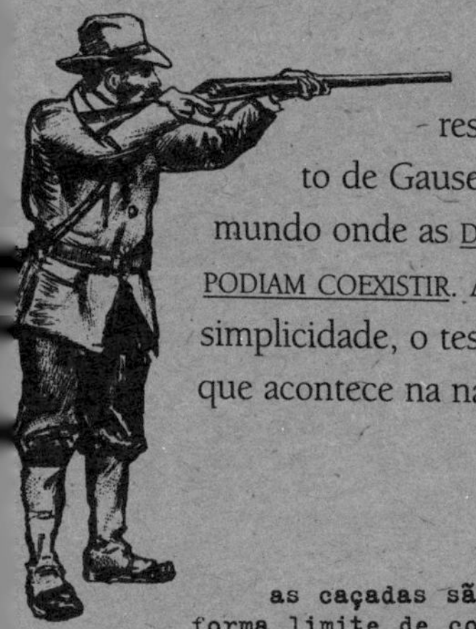

as caçadas são a forma limite de competição

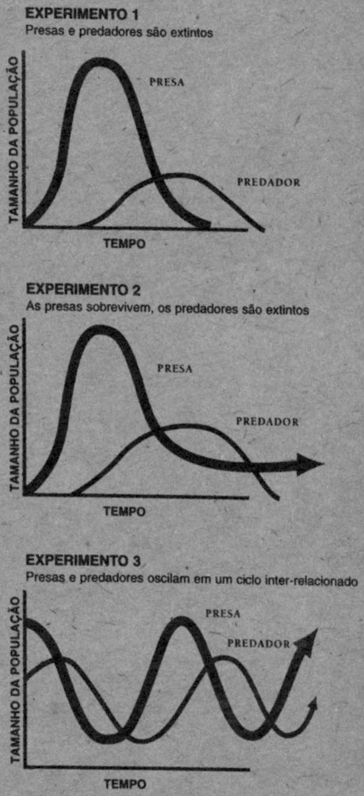

Os três experimentos de Gause

Mudando as táticas

Um dos problemas na previsão do equilíbrio entre predadores e presas é que o comportamento do predador pode mudar. ***Quando uma espécie-presa é rara, o predador não gaste seu tempo perseguindo-a. Mas quando ela se torna mais freqüente, pode incluí-la em sua dieta.*** Esse tipo de mudança, chamada de "RESPOSTA FUNCIONAL", permite que as presas raras tenham maiores chances de sobrevivência.

SUCESSOS E FRACASSOS

★ Em 1845, a Bay Company de Hudson passou a manter registros acurados do número de peles de animais comercializadas por caçadores no norte do Canadá. Um século mais tarde, os ecologistas perceberam que esses números forneciam uma evidência única da forma como o predador afeta sua presa. No entanto, a interpretação dos dados não foi tão simples como se pensava.

Em sincronia

O aumento e diminuição da lebre de pata branca e dos linces foi analisado pela primeira vez pelo pioneiro ecólogo britânico Charles Elton (1900-1991), em 1924. Em uma pesquisa publicada em 1940, ele mostrou que a maioria das raposas do ártico possui um ciclo de dez anos, mas nos locais onde se alimentam de lemingues, seu ciclo é de quatro anos.

lince canadense

O CICLO DE DEZ ANOS

★ O predador em questão era o lince canadense e sua presa, a lebre de pata branca. Como os dois animais eram capturados por caçadores de peles, os registros forneciam dados confiáveis sobre os números de cada espécie. As cifras eram surpreendentes: ***o número de lebres chegava às alturas e depois baixava, obedecendo a um ciclo de dez anos***. O número de linces seguia o mesmo modelo. Para os caçadores, o resultado significava dois ou três anos muito bons, seguidos de sete ou oito piores.

★ Esse CICLO/PERÍODO assemelha-se aos resultados obtidos por Gause com seus

primeiros experimentos em tubos de ensaio, embora em escala muito maior. Pelo menos no início, esse é precisamente o modo como os registros foram interpretados. Depois, algo desandou. Na Ilha Anticosti, no Golfo de St. Lawrence, descobriram-se lebres que viviam na ausência de linces, lobos ou qualquer outro grande predador – e seus números também seguiam os altos e baixos do ciclo de dez anos.

QUEM CONTROLA QUEM?

★ A descoberta exigiu uma reelaboração da teoria. Pesquisas posteriores revelaram que o fator-chave na determinação da população de lebres não era o ataque de predadores, mas a DISPONIBILIDADE DE ALIMENTO. Durante os longos invernos do norte, as lebres alimentam-se de gravetos de *Populus tremula*. Quando as lebres são poucas, as plantas logo se recuperam. Quando existem muitas lebres, a reserva de alimento invernal diminui. ***Grande número de lebres morre antes da primavera***, e sua população só é restabelecida após a recuperação dos *Populus tremula* – e isso leva alguns anos.

★ Moral da história: a natureza é muito mais complexa que um tubo de ensaio. Em vez de controlar sua presa, alguns predadores cumprem as regras do jogo dos números.

E TEMPO DE PARTIR

Oscilações extremas no tamanho de uma população são características de espécies de ambientes simples, como a tundra do norte. A mais famosa dessas espécies é o lemingue, que tem ciclos de três a quatro anos. No pico de cada ciclo, os números da população de lemingues podem crescer mil vezes mais. O excesso ou falta de alimento (os biólogos não têm certeza) faz com que abandonem sua moradia. Apesar das histórias de suicídios em massa, os lemingues não demonstram nenhum entusiasmo em se jogar de penhascos: muitos lemingues migrantes servem de alimento para predadores ou morrem de fome.

Um mundo dentro de outro

Cupins de madeira digerem o alimento com a ajuda de microorganismos que moram em seus sistemas digestivos – acordo semelhante permite que os bovinos façam a digestão de gramíneas. Pensava-se que esses microorganismos produziam as enzimas necessárias para quebrar a madeira, mas a situação mostrou-se mais complicada. Os próprios microorganismos contêm seus parceiros simbióticos, nesse caso bactérias, e são elas que secretam as enzimas digestivas. E, mais estranho ainda, os microorganismos movimentam-se no intestino dos cupins com a ajuda de outras bactérias, coladas a sua superfície exterior. Essas bactérias movimentam-se como remos, levando seus parceiros adiante.

VIVENDO JUNTOS

*** Quando duas espécies interagem, as opções não estão limitadas apenas à competição ou ao jogo predador-presa. Às vezes, uma espécie consegue sobreviver mantendo-se próxima da outra ou ambas formam uma equipe de trabalho para benefício mútuo. Parcerias como essas são exemplos de simbiose – acordos convenientes que surgem em muitos momentos da vida.**

UNINDO AS FORÇAS

* A simbiose é a forma mais comum de trabalho em equipe da natureza. É conhecida como MUTUALISMO, pois beneficia mutuamente os parceiros envolvidos. Muitas pessoas – inclusive os ecólogos – usam a simbiose como sinônimo de mutualismo, mas a simbiose envolve outras formas de vida.

* O mutualismo é tão difundido no mundo natural que a maioria dos seres vivos depende dele, direta ou indiretamente, para sobreviver. A maior parte das plantas que comemos se reproduz graças ao trabalho dos insetos que espalham seu pólen. A maioria das árvores usadas para fornecimento de madeira cresce com a ajuda dos fungos que vivem sobre suas raízes ou dentro delas, auxiliando na extração de nutrientes do solo. Os mamíferos que pastam e nos fornecem leite e carne o fazem com a ajuda de microorganismos. Sem os microorganismos, esses animais não seriam capazes de digerir o alimento (páginas 50-51).

PALAVRAS-CHAVE

MUTUALISMO: relação entre duas espécies diferentes na qual ambas se beneficiam.

SIMBIOSE: parceria entre duas espécies diferentes, em geral (mas não necessariamente) para benefício de ambas. Alguns ecólogos limitam o termo simbiose a parcerias em que os participantes estão ligados pela proximidade física. Na **endossimbiose**, um parceiro vive dentro do outro.

DISFARCES

* O mutualismo envolve mais do que "coce minhas costas que eu coço as suas". Os fungos que crescem nas raízes das plantas e em volta delas se reproduzem formando esporos microscópicos, geralmente espalhados pelas fezes de pequenos mamíferos como as ratazanas, que usam os fungos como alimento. Os vegetais, os fungos e as ratazanas formam um trio interligado, no qual cada espécie é beneficiada com a presença da outra.

* ***Interações como essa aumentam a complexidade dos ecossistemas, e mostram como não é nada inteligente condenar espécies pelo "mal que causam". Em geral, espécies consideradas "pragas" são essenciais para a saúde do ecossistema.***

os microorganismos no intestino dos bovinos ajudam na digestão das gramíneas

choques com meteoros
são uma das causas
das extinções

EXTINÇÃO

★ A extinção, como a morte, é um acontecimento inevitável. Desde o início da vida, mais de 3,5 bilhões de anos atrás, as extinções varreram cerca de 99% das espécies existentes. Então, se ela sempre acontece, por que se preocupar com ela? A resposta é que – por causa dos seres humanos – a extinção está acontecendo com maior freqüência.

MORTO-VIVO

Uma das sombrias realidades da extinção é que uma espécie pode ser condenada à morte muito antes de seu último sobrevivente desaparecer. Isso acontece porque as espécies precisam de uma população mínima para continuar reprodutivamente viável. Muitos animais da atual lista de espécies ameaçadas existem em tão pequeno número que morrerão caso não recebam ajuda humana.

REJEITAR E SUBSTITUIR

★ *Em pelo menos cinco ocasiões na história da terra, catástrofes globais varreram grande número de espécies em curto período*. Mas quando a vida segue "normalmente" – nos intervalos desses desastres sem fronteiras – a extinção é rara. Talvez pouco mais de meia dúzia de espécies seja extinta a cada ano, a maioria de animais pequenos e especificamente localizados, como os caramujos terrestres. Para mamíferos e pássaros, a taxa de extinção pode ser tão baixa quanto pouco mais de dez espécies a cada século. Essa pequena taxa significa que há tempo suficiente para que novas espécies se desenvolvam, compensando as que são extintas.

Diplodocus

o grande
corvo marinho

LISTA DO ESQUECIMENTO

★ Nos últimos quatro séculos, no entanto, a taxa de extinção anual decolou. São conhecidas mais de 200 espécies de pássaros e animais extintos nesse período, inclusive a *Pinguinus impennis*, pelo menos dez marsupiais, o antílope africano *H. leucophoeus* e a vaca marinha de Steller. Esse parente gigantesco dos manatis pesava até dez toneladas, a maior baixa na história recente. ***A lista inclui pelo menos 400 espécies de plantas, 20 de répteis e mais de 20 de peixes.***

★ Esses números referem-se só às extinções registradas. São bastante confiáveis no caso dos vertebrados – animais suficientemente grandes para se notar, menos confiáveis para plantas e muito menos para invertebrados que, em geral, são muito pequenos para atrair atenção e vivem em locais inacessíveis. Os ecologistas acreditam que, caso fossem incluídos, a taxa atual de extinção chegaria a MAIS DE DEZ ESPÉCIES POR DIA.

★ ***A velocidade com que a diversidade despenca atualmente não pode ser atribuída a causas "naturais". Foi disparada por um fenômeno biológico sem precedentes: o crescimento explosivo de uma única espécie dominante – a raça humana.***

Ressuscitados?

De acordo com filmes de ficção científica como *O parque dos dinossauros*, vai chegar o dia em que os cientistas darão vida a espécies extintas. A probabilidade de que isso realmente aconteça é muito pequena, e a probabilidade de que as espécies tenham sucesso em reestabelecer-se é ainda menor. Sem seus hábitats originais, as espécies "ressuscitadas" teriam poucas chances de sobrevivência.

os seres humanos são a maior causa das extinções hoje

PALAVRA-CHAVE

EXTINÇÃO: desaparecimento de uma espécie ou grupo de espécies. Em geral, ocorre quando a espécie não se adapta às mudanças do meio ambiente.

CAPÍTULO 3

UMA ESPÉCIE À PARTE

✱ A Paleoecologia – estudo ecológico da história da Terra – mostra que nossos ancestrais mais distantes tinham um efeito insignificante no meio ambiente. Eles deixaram poucos rastros de sua existência e quase não provocaram impacto em outras espécies. A passagem desse estilo de vida para o que levamos atualmente aconteceu devido a três invenções cruciais: a confecção de ferramentas, o cultivo da terra e a industrialização.

os restos arqueológicos são fonte importante de informações ecológicas

ferramentas pré-históricas

FAZENDO FERRAMENTAS

A idade da madeira

Muitos paleontologistas acreditam que as ferramentas de madeira teriam desempenhado, durante a Idade da Pedra, um papel mais importante que a própria pedra. Já que a madeira se decompõe lentamente – como toda matéria orgânica – poucas dessas ferramentas sobreviveram.

os objetos de madeira pré-históricos não sobreviveram

✱ A fabricação de ferramentas não é exclusividade da raça humana. Os chimpanzés podem fazer vários instrumentos, de sondas para extrair cupins à esponjas para apanhar água. Mesmo os pássaros às vezes elaboram pequenas ferramentas para obter alimento. Da forma como foram desenvolvidas pelos seres humanos, as ferramentas parecem ter efeito cascata, provocando resposta evolutiva que leva à descoberta de outras.

✱ No início, essa resposta agia lentamente; as inovações eram poucas e espaçadas. Nossos ancestrais imediatos – pertencentes à espécie chamada *Homo erectus* – eram eficientes fabricantes de ferramentas, mas não engenhosos inventores. Não sabemos o que fizeram com madeira, couro ou ossos nem com os produtos finais. *No entanto, o progresso nas ferramentas de pedra era agonizantemente lento. Em uma área do leste da África, apenas quatro modelos apareceram no período de um milhão de anos.*

TECNOLOGIA EM JULGAMENTO

homem das cavernas

★ Mais de dois milhões de anos separaram o começo da era da fabricação de ferramentas – a original revolução tecnológica da humanidade – do começo da agricultura. Só 10.000 anos separaram o início da agricultura dos primeiros dias da industrialização, e meros três séculos se passaram do início da industrialização até hoje.

★ *De uma perspectiva ecológica, a redução nos intervalos dessas datas tem implicações importantes. Significa que podemos considerar o cultivo do solo como relativamente recente, embora tenha acontecido em épocas pré-históricas. A vida industrial, muito mais recente, teve um período de teste ainda menor. As duas inovações serviram aos interesses do homem, mas ainda não sentimos todos os seus efeitos de longo prazo.*

HUMANOS E HOMINÍDEOS

Os seres humanos e seus ancestrais diretos são conhecidos como HOMINÍDEOS. Os primeiros hominídeos conhecidos são os AUSTRALOPITECOS (literalmente, "macacos do sul"), que viveram na África há quatro milhões de anos. Não sabemos se fabricavam ferramentas de pedra. Se o faziam, provavelmente as ferramentas eram tão simples que seria muito difícil, hoje, distingui-las das pedras quebradas e lascadas naturalmente. As ferramentas de pedra mais antigas que conhecemos pertencem à espécie chamada *Homo Habilis* ("homem hábil"), que sucedeu aos australopitecos há mais de 2,5 milhões de anos.

os chimpanzés às vezes usam ferramentas

SEGUINDO EM FRENTE

os humanos pré-históricos eram excelentes caçadores

*** Mesmo com ferramentas rudimentares, nossos ancestrais imediatos tiveram um impacto muito maior sobre os outros animais do que teriam se usassem só a força dos músculos. Quando nossa espécie – Homo Sapiens – surgiu, as ferramentas e o aumento da inteligência nos transformaram em predadores formidáveis, capazes de abater animais muito maiores. Os restos de milhares de cavalos, encontrados em Solutré, na França, mostram que a carnificina deve ter sido imensa.**

FAZENDO FOGO

Não há evidência clara sobre quando nossos ancestrais começaram a usar o fogo. Entre as provas mais antigas estão as camadas de cinzas encontradas na caverna Zhoukoudian, na China. Datam de meio milhão de anos, época em que a caverna era habitada pelo *Homo Erectus*, a espécie que precedeu os humanos. Fazer fogo – em oposição a obtê-lo de incêndios naturais – é habilidade muito mais recente, que teve início, provavelmente, há 25.000 anos.

BAGAGEM LEVE

* Os cavalos de Solutré tiveram seu fim há 17.000 anos, quando o norte da Europa ainda estava na última Idade do Gelo. ***Nesse estágio da pré-história, os seres humanos começavam a causar maior impacto sobre os animais que caçavam, levando alguns à extinção.*** Paleontologistas suspeitam de que OS HUMANOS ESTAVAM ENVOLVIDOS EM UMA ONDA DE EXTINÇÕES na América do Norte, há 11.000 anos. Naquela época foram extintos três quartos dos maiores mamíferos do continente, inclusive o mamute e os rinocerontes-de-sumatra, o que, certamente, teve efeitos devastadores na vida vegetal do continente.

os chineses foram os primeiros a fazer fogo

caçador-coletor

★ Pelo menos em um aspecto, o impacto humano foi limitado. Como as pessoas estavam sempre migrando, não podiam carregar muita bagagem. Portanto, os recursos de que necessitavam – exceto comida e vestimentas – eram mínimos. A situação permaneceu assim durante a fase nômade da história humana, até que a agricultura começasse a ser desenvolvida, fazendo com que o ser humano se fixasse na terra.

ÚLTIMOS CAÇADORES

★ Há 50 anos, os antropólogos ainda tinham a oportunidade de estudar grupos humanos cujo estilo de vida estava baseado na caça e coleta de alimentos da natureza, semelhante ao de nossos antepassados. Entre esses caçadores estavam incluídos os aborígines australianos, os chukchis do nordeste da Sibéria e os !kung san ou "bosquímanos" do deserto de Kalahari (o som "!" é um estalo agudo feito com a parte de trás da língua). Hoje, existem pouquíssimos grupos de caçadores autênticos. Muitos !kung san trabalham nos ranchos de gado da Botsuana. Esse estilo de vida deve desaparecer no século XXI.

Morte súbita

Há divergência de opiniões sobre o motivo exato do desaparecimento de vários grandes mamíferos da América do Norte, há 11.000 anos. Especialistas atribuem esse fato à súbita mudança climática causada pelo final da Idade do Gelo, mas outros pensam que tudo aconteceu por causa da ação dos humanos, coincidindo com sua chegada, por terra, vindos da Sibéria. Ainda não há veredito – mesmo porque novos achados arqueológicos indicam a chegada dos humanos na América do Norte há mais de 25.000 anos – muito antes do que se acreditava.

até 50 anos atrás ainda existiam núcleos de caçadores

CLUBE DA CULTURA

★ O início do cultivo da terra, há 10.000 anos, provocou uma revolução social para as espécies humanas e uma revolução ambiental para o mundo como um todo. Ao plantar e colher, as pessoas puderam armazenar alimento e colocar um fim na eterna peregrinação que caracterizava seu estilo de vida. Com a existência fixa, vieram novas necessidades que teriam um impacto importante no meio ambiente.

os natufianos do Oriente Médio foram os primeiros agricultores

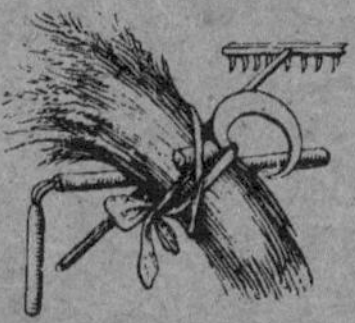

Necessidade e cobiça

O cultivo da terra é apontado como culpado pelo materialismo da sociedade humana, pois nos teria dado algo que valia a pena acumular e disputar – o alimento armazenado. A agricultura também permitiu o início do comércio, ou seja, alguns passaram a viver fornecendo mercadorias e serviços, enquanto outros forneciam os alimentos.

TEMPO DE COLHEITA

★ O cultivo da Terra teve início em uma área do Oriente Médio conhecida como Crescente Fértil. Mais tarde, surgiu também, de forma independente, em outras partes do mundo. ***Entre os pioneiros da agricultura estavam os natufianos, povo que vivia onde hoje é Israel e Líbano***. No começo, os natufianos eram caçadores-coletores seminômades, que colhiam grãos não-cultivados usando foices feitas de pedra afiada. Há 11.000 anos, começaram a semear seu próprio alimento. Não se sabe porque os natufianos e outros caçadores-coletores abandonaram a coleta de alimento para dedicar-se à dura vida de agricultor, mais difícil. Algumas das causas sugeridas são o aumento da população e as mudanças climáticas.

O SAL DA TERRA

★ A agricultura dos natufianos dependia das chuvas, que limitavam a quantidade de alimento a ser produzida. Há 5.000 anos, uma forma de agricultura muito mais sofisticada foi desenvolvida pelos sumérios, habitantes da Mesopotâmia – hoje, parte do Iraque. Eles irrigavam suas plantações usando água retirada dos rios Tigres e Eufrates.

★ ***Os registros existentes nos templos sumérios – preservados de forma extraordinária – mostram que, no começo, as colheitas superavam em muito as que os natufianos poderiam ter***. Com o passar do tempo, começaram a declinar. Até 1700 a.C., os sumérios empobreceram, abandonaram a maior parte da terra e sua civilização desmoronou. Embora não soubessem, tinham provocado uma das primeiras crises ambientais da história. Irrigando a terra, inadvertidamente dissolveram o sal nas profundezas do solo. Quando a água da irrigação se evaporava sob o calor forte do verão, o sal ficava na terra na forma de uma crosta dura. Esse problema – chamado salinização – ainda afeta o cultivo da terra.

Riquezas no lixo

De acordo com a "teoria do depósito de lixo", as primeiras plantas cultivadas vieram do lixo, formado em áreas de acampamento e contendo restos de animais e comida deteriorada. Esses leitos férteis teriam sido ideais para o crescimento de gramíneas selvagens, iniciando o ciclo de coleta e seleção que produziria as plantações que conhecemos.

VIVENDO JUNTINHO

A terra necessária para manter uma pessoa que vive da caça e coleta de alimentos varia de lugar para lugar. Cerca de 26 km^2 podem ser considerados como valor médio, mas em regiões áridas, como o interior da Austrália, esse número pode ser dez vezes maior. Como a agricultura fornece alimento de forma bem mais eficiente, muitas pessoas passaram a viver na mesma área. Na Mesopotâmia, por exemplo, a população chegou a 11 pessoas por quilômetro quadrado no ano 2000 a.C.

LIMPEZA DO SOLO

★ Os primeiros fazendeiros já haviam descoberto que cultivar o alimento não é só espalhar as sementes e esperar pela colheita. Antes de começar, você precisa desmatar um pedaço de terra. Quando o cultivo alcançou regiões cobertas por florestas, a limpeza do solo causou alterações ambientais importantes – um processo que continua até hoje.

bisão europeu

A floresta primitiva da Polônia

A floresta Bialowieza, na fronteira da Polônia com Belarus, é uma das poucas áreas extensas de floresta nativa da Europa. Antes reservada às caçadas reais, agora é protegida como Patrimônio Mundial e atrai milhares de visitantes todos os anos. No topo da lista de atrações está um rebanho de bisões europeus – equivalente à espécie norte-americana, porém menor – que, no passado, perambulava pelas florestas européias. Hoje há só algumas centenas desse animal.

TRABALHA, MACHADINHA

★ Mesmo com a tecnologia simples de 5.000 anos atrás, o desmatamento podia acontecer rapidamente. Alguns experimentos realizados por arqueólogos dinamarqueses, em 1960, mostraram a medida dessa rapidez. Três homens deram início ao desmatamento de uma área de bétulas só com as mãos e genuínos machados da Idade da Pedra. Quatro horas depois, haviam conseguido limpar cerca de 600 m^2, derrubando árvores e queimando seus troncos e galhos.

mesmo com ferrament primitivas, a limpe da terra é um trabalho rápido

✱ Quando os machados de ferro surgiram, no ano 1000 a.C., na Europa, o desmatamento das florestas ficou ainda mais rápido. A madeira derrubada era transformada em carvão que, por sua vez, seria usado para fundir mais ferro, fornecendo um incentivo extra para a derrubada de outras árvores.

os botânicos são capazes de determinar de qual árvore é o pólen

NORTE E SUL

✱ *Na América do Norte, o desmatamento das florestas começou no século XVII* – passado recente o suficiente para fazer parte da história escrita. Em outros lugares do hemisfério norte, isso aconteceu há tanto tempo que é difícil imaginar a extensão original de suas florestas. As florestas foram reduzidas em três quintos, mas em algumas áreas – inclusive nas ilhas britânicas – a redução chegou a 90%. Foi destruída grande parte da vida selvagem, inclusive veados, ursos e lobos.

✱ *Nos trópicos, o desmatamento funcionou em uma escala diferente. Na América Central e na Nova Guiné, os arqueólogos descobriram evidências de desmatamento datadas de, no mínimo, 7.000 anos. Mas até 1900 as florestas tropicais equatoriais permaneceram praticamente intocadas. Desde então, tudo mudou. Hoje, cerca de 40% da cobertura de floresta tropical desapareceu, parte desmatada para cultivar a terra, parte para produzir madeira.*

CIÊNCIA QUE FAZ

Mesmo depois que as florestas desaparecem, a palinologia – ciência de análise do pólen – pode mostrar onde ficavam as florestas e quais árvores continham. Os minúsculos grãos de pólen são extremamente duráveis e permanecem intactos por milhares de anos após terem sido queimados. A forma dos grãos de pólen é uma característica semelhante à impressão digital, o que permite aos botânicos estabelecerem a que árvores esses grãos pertenciam e, freqüentemente, quando foram soltos.

o pó das pradarias norte-americanas chegou até Washington

Levadas pelo vento

"Havia algo de fantástico naquela nuvem de pó que cobria 3, 7 milhões de km^2, subia a quase 5 km de altura e estendia-se do Canadá ao Texas, de Montana a Idaho... massas de poeira formavam um redemoinho de grandes nuvens descendentes, pretas como ébano na base e cor de lama no topo, algumas tão impregnadas de partículas de pó que sufocavam os patos e gansos capturados no vôo; algumas deixavam o céu tão negro que as galinhas, pensando que era noite, empoleiravam-se para dormir."

UM RELATO DA GRANDE TEMPESTADE DE PÓ NO MEIO-OESTE DOS EUA, EM MAIO DE 1934.

mãe

A MÃE TERRA

*** A invenção do arado – outro avanço agrícola creditado aos sumérios – aumentou incrivelmente a quantidade de terra cultivada, pois permitiu o uso da força animal no trabalho. E também teve mais uma conseqüência: arando a terra, os agricultores expuseram o solo às erosões, um problema existente até hoje.**

os sumérios inventaram o arado

DESPINDO O SOLO

* O solo parece ser um recurso permanente, mas sofre constante erosão causada pelo vento e pela chuva. A taxa de erosão do solo depende da quantidade de cobertura vegetal existente, pois as PLANTAS PROTEGEM O SOLO mantendo-o firme através de suas raízes. Em uma floresta intocada – o ambiente mais protegido de todos, uma área do tamanho de um campo de futebol perde até 10 quilos de solo a cada ano, o que significa uma espessura igual à de uma folha de papel. Essa perda é compensada pelo solo novo, criado, em parte, pela desintegração do leito de rocha firme.

★ Quando a terra é arada, o vento e a chuva podem atingir o solo e provocar erosão. Nos EUA e na Europa, a quantidade de solo perdida por ano em uma faixa média de terra cultivada é de quase 14 toneladas. ***Em outras partes do mundo, principalmente em locais de clima seco, pode chegar a 50 toneladas***. A uma taxa como essa, um solo que levou milhares de anos para se formar, pode ser perdido em pouco tempo.

POEIRA LANÇADA

★ ***A erosão do solo tem sido descrita como uma das grandes ameaças enfrentadas pela humanidade.*** Hoje ninguém perde o sono por causa disso, mas houve momentos em que os efeitos prejudiciais da erosão não podiam ser evitados. Na história recente, o pior episódio de erosão aconteceu nos anos 30, quando as pradarias aradas do meio-oeste dos EUA secaram e foram levadas pelo vento. De acordo com registros daquela época, uma tempestade depositou poeira em navios no Atlântico e na mesa do presidente em Washington, a 2.400 km de distância.

ANDANDO SOBRE FERRUGEM

A erosão não é a única conseqüência da ação prejudicial dos seres humanos sobre o solo. A SALINIZAÇÃO (páginas 86-87) torna a terra tóxica para a maioria dos vegetais, e a LATERIZAÇÃO produz camada semelhante ao concreto, impedindo a penetração de raízes. Ocorre só nos trópicos, em solos de terra vermelha ricos em ferro. Quando são expostos, o ferro forma uma crosta de ferrugem na superfície.

a erosão do solo impede o crescimento de qualquer ser vivo

CRIAÇÃO DE ANIMAIS

✱ As plantas não são os únicos seres vivos mantidos sob controle de caçadores-coletores. Há cerca de 12.000 anos, os cães passaram a integrar o grupo de caça, conduzindo as presas para locais onde era mais fácil atacá-las. Depois que os homens aprenderam a aprisionar rebanhos, descobrir como criá-los foi só questão de tempo.

os cães foram domesticados há 12.000 anos

A LÓGICA DO REBANHO

✱ A domesticação do cão – por meio do lobo cinza, seu ancestral – aconteceu, provavelmente, em algum lugar no sul da Ásia. Alguns milhares de anos mais tarde, as pessoas aprenderam a controlar a ovelha selvagem – os primeiros animais a serem criados como fonte de alimento. As ovelhas possuem duas características que as classificam como candidatas ideais à domesticação: raramente reagem de forma agressiva e dificilmente perambulam sozinhas. Quando os predadores eram muitos e não existiam cercas, andar aos bandos era uma vantagem.

O poder do elefante

Desde que a agricultura começou, cerca de 50 animais foram domesticados. Os mais importantes são os mamíferos e os pássaros, mas também incluem-se peixes e um punhado de insetos – principalmente o bicho da seda e a abelha. O maior animal domestivado é, de longe, o elefante. Hoje, só na Ásia encontramos elefantes que trabalham, mas antigamente o grande elefante africano também era utilizado como animal de carga. Conta-se que o general Aníbal atravessou os Alpes com um regimento de elefantes, para atacar Roma. Quantos conseguiram voltar para casa, ninguém sabe.

o elefante africano

javali selvagem

★ No Oriente Médio, três outras espécies foram domesticadas durante os três milênios seguintes: a cabra e o javali selvagens e o auroque – ancestral do boi. O javali selvagem e o auroque podiam tornar-se agressivos e perigosos. ***Parte do processo de domesticação consistiu na criação de indivíduos mais mansos, até que a agressividade da raça fosse, finalmente, controlada.***

PRIMOS CATIVOS

★ Mais ao norte, no Leste europeu e na Ásia Central, ***os cavalos selvagens também caíram sob o controle humano***. Criados inicialmente como fonte de alimento, logo passaram a ser usados como força de trabalho. À medida que a domesticação de cavalos foi disseminada, seus companheiros selvagens tornaram-se raros, até quase desaparecerem por completo.

★ ***Um pequeno número de cavalos selvagens conseguiu sobreviver, embora tenham chegado perto da extinção***. A raça selvagem de muitas outras espécies domesticadas, como galinhas e perus, tornou-se mais rara à medida que a população de seus companheiros cativos crescia vertiginosamente. Para os auroques – ancestrais daquele que é, provavelmente, o mais importante animal domesticado – a domesticação foi o sinal do fim da vida selvagem. Criou-se um concorrente que comia o mesmo alimento, no mesmo hábitat, e estava ao lado do homem.

PLANETA DAS GALINHAS

O animal domesticado mais abundante é a galinha – descendente da ave selvagem do sudeste da Ásia. Acredita-se que foram domesticadas há 5.000 anos, possivelmente na Índia. Hoje, a população estimada de galinhas está próxima dos dez bilhões, produzindo cerca de 500 bilhões de ovos por ano.

dos animais domesticados, as galinhas são os mais numerosos

a criação de gado provocou um forte impacto ambiental

A VIDA NAS FAZENDAS

★ No folclore, o pastor conduzindo seu rebanho – ou o cavaleiro montado em seu cavalo – é celebrado como personagem que vive em harmonia com a terra. Mas, do ponto de vista ecológico, a realidade é bem diferente. Desde que as pessoas começaram a criar animais, há mais de 10.000 anos, os rebanhos famintos tiveram grande impacto nas paisagens do mundo.

PALAVRA-CHAVE

LIBERAÇÃO COMPETITIVA: aumento no número de uma espécie causado por redução ou desaparecimento de um dos seus competidores.

pastor

ABRINDO UMA BRECHA

★ Um exemplo surpreendente de seus efeitos pode ser observado nas ilhas do mar Egeu. Lá, não muito longe de onde as cabras e ovelhas foram domesticadas pela primeira vez, a vegetação original era um tipo de bosque sempre verde, adaptado ao clima de verões secos e invernos úmidos e longos. A maior parte das árvores foi cortada para uso da madeira há muitos séculos e, ao mesmo tempo, cabras começaram a ser criadas para produzir alimento. *As cabras mordiscaram os brotos das árvores, impedindo o restabelecimento do bosque, e as chuvas de inverno, encontrando o solo limpo, varreram boa parte dele.*

★ As cabras são famosas por devorarem tudo, mas existem algumas plantas nas quais elas não tocam. Entre elas, está a eufórbia – com seiva venenosa e ardida. As cabras

galinha assada

comem as concorrentes das eufórbias, auxiliando na disseminação das últimas. Assim, essas plantas não-comestíveis existem hoje em maior número do que na época em que a criação de cabras teve início.

★ Ovelhas e cabras não são os únicos animais capazes de provocar este tipo de mudança ambiental. Nas fazendas de gado dos EUA, o número de rebanhos aumentou rapidamente no fim do século XIX. Isso incentivou o crescimento de outras plantas venenosas e de arbustos não-comestíveis. Quanto mais gado a terra suporta, mais comuns são essas plantas.

De segunda mão

Comparada ao cultivo de vegetais, a criação de animais é uma forma ineficiente de produzir alimento, pois introduz mais um elo na cadeia alimentar (páginas 28-29). A existência desse novo elo significa que uma grande quantidade da energia do alimento original é perdida. Quando são criados intensivamente, os animais podem gastar até 15 quilos de alimentos para produzir um quilo de carne, e 3 quilos para produzir um quilo de frango ou peru.

o arame farpado dividiu o oeste

A GRANDE SEPARAÇÃO

A invenção do arame farpado, em 1873, foi um dos avanços mais importantes na criação de animais. Seu uso significou a rápida e barata divisão das áreas abertas – como no oeste dos Estados Unidos e no interior da Austrália – em lotes de terra. Outra conseqüência foi a concentração do gado em determinadas áreas, aumentando o impacto provocado na vegetação.

NOVAS OPORTUNIDADES

★ No jargão ecológico, esse fenômeno é conhecido como LIBERAÇÃO COMPETITIVA. Ele acontece sempre que uma espécie é subitamente liberada de um dos fatores que normalmente mantêm seu crescimento sob controle. Quando os pesticidas são lançados sobre as plantações, é comum que uma praga se beneficie do desaparecimento de outra, disparando uma reação em cadeia controlada apenas por novos pesticidas.

ADIÇÃO DE SUPLEMENTOS

★ Estima-se que, desde o início da agricultura, a erosão do solo tenha colocado fora de circulação um terço da terra cultivada do mundo, inclusive a maior parte da terra que os sumérios originalmente cultivaram. Por outro lado, durante séculos a agricultura também é responsável pela adição de uma grande quantidade de substâncias na terra – com bons e maus resultados.

a melhoria do solo é um gran negócio

Base rochosa

Ao contrário do nitrogênio, o fosfato ainda precisa ser extraído do solo. Hoje, a maior parte do fosfato usado no mundo vem dos EUA, Rússia e norte da África, mas até pouco tempo uma quantidade significativa era fornecida por uma minúscula ilha do Pacífico chamada Nauru, uma das menores nações do planeta. Nauru é – ou, mais exatamente, era – quase uma sólida rocha de fosfato. A maior parte foi removida pela mineração, criando uma paisagem lunar inabitável onde nada cresce.

FEZES DISPUTADAS

★ Esses aditivos incluíam cal e marga (uma forma de argila rica em cal), conchas, algas marinhas, ossos e estrume de todo tipo imaginável. As fezes de pássaros eram populares entre os antigos egípcios e gregos, e a indústria de secagem de fezes passou por um curto, mas espetacular, crescimento no século XIX. *O estrume de cavalos também era um grande negócio, pois existia em abundância. Na Paris do século XIX, era usado como fertilizante nos campos ao redor da*

quanto mais põe, mais tira

:idade, onde o calor da decomposição ıjudava a produzir até seis colheitas le vegetais por ano.

onde está *la merde*, também está o dinheiro...

FIXADO POR FRITZ

★ Até o século XX, todos os ertilizantes eram constituídos de ;ubstâncias naturais. Selecionados ɔor tentativa e erro, continham ıltas CONCENTRAÇÕES DE NITROGÊ-ɪIO OU FÓSFORO – dois elementos ıecessários para o crescimento das plantas. *:mbora os fertilizantes naturais sejam ıalcheirosos e de difícil manuseio*, durante nuito tempo na história da agricultura não ıavia outra opção. Esse quadro foi alterado ːm 1913, quando o químico **Fritz Haber** lescobriu uma forma de "fixar" artificialmente) nitrogênio do ar para produzir amônia. nicialmente utilizado para fazer explosivos, ıpós a Segunda Guerra Mundial esse processo ɔassou a fazer parte da produção de fertilizan-:es, aumentando rapidamente a oferta para nais de 100 milhões de toneladas por ano.

Os fertilizantes artificiais – com as ɔlantações melhoradas – tiveram um impacto ;igantesco na produção mundial de alimen-ɔs. No entanto, trouxeram também conse-ɥüências indesejáveis. Uma delas, é a facili-:ade com que são levados pela chuva, conta-ıinando rios e água potável, e, outra é que les não contêm matéria orgânica – material ue pode manter a vida abundante no solo. em o estímulo orgânico, a saúde biológica o solo enfraquece lentamente.

O COMÉRCIO DO GUANO

Em meados do século XIX, um grupo de ilhas na costa do Peru virou o centro de um dos negócios de exportação mais insólitos do mundo, baseado nas fezes das aves marinhas. Durante milhares de anos, as fezes haviam se juntado formando o guano, um fertilizante natural cheio de nitrogênio e fosfato. Em 30 anos, mais de dez milhões de toneladas de guano foram embarcadas para a Europa e EUA. Finalmente, o recurso esgotou-se e, com ele, o comércio.

LIMPEZA GERAL

✱ Nos séculos XVIII e XIX, uma série de inovações – da rotação de culturas aos novos maquinários – provocou a intensificação constante da agricultura, transformando o cultivo da terra em atividade mais científica. Mesmo assim, as plantações continuavam a ter problemas na forma de pragas e ervas daninhas difíceis de erradicar. Após a Segunda Guerra Mundial, essa situação mudou rapidamente.

ARSÊNICO – O VELHO E BOM VENENO

No começo do século XX, os produtos químicos usados para eliminar as ervas daninhas das plantações eram altamente tóxicos tanto para plantas quanto para animais. Entre eles estava o arsênico (trióxido de arsênico), substância cancerígena e mortal quando inalada. Por não ter cheiro nem sabor, ele já foi o favorito entre os venenos.

GUERRA ÀS ERVAS DANINHAS

✱ Na maior parte dos 10.000 anos de história da agricultura, a única forma dos agricultores ficarem livres das ervas daninhas era retirá-las com as próprias mãos. *Grupos de lavradores passavam longas e monótonas horas "arrancando" ervas daninhas*. Mas por mais que se empenhassem, o trabalho nunca chegava ao fim. Pássaros e outros animais maiores eram enxotados, aprisionados ou mortos, mas pouco podia ser feito com as pragas de insetos, a não ser destruir toda a plantação e começar de novo.

✱ No fim do século XIX, os químicos descobriram substâncias que matavam plantas, limpando completamente o solo. Descobriram também os primeiros HERBICIDAS

SELETIVOS – substâncias que destroem plantas específicas, deixando as outras mais ou menos intocadas. Muitos eram feitos à base de substâncias inorgânicas, como enxofre, cobre e ferro, e só tinham efeito se usados em grande quantidade. No fim da década de 40, surgiu um grupo de herbicidas completamente diferente. Compostos de substâncias orgânicas, eram letais para as ervas daninhas mesmo quando usados em pouquíssimas quantidades. Campos cheios de flores e pastagens cobertas de ervas logo viraram coisa do passado.

PALAVRA-CHAVE

MONOCULTURA: forma de agricultura na qual uma única espécie é cultivada em uma área, excluindo todas as outras.

os herbicidas modernos deram fim aos campos floridos

EXCLUSÃO TOTAL

★ Esse avanço no controle das ervas daninhas coincidiu com o desenvolvimento de novos PESTICIDAS ORGÂNICOS, como clordano, dieldrina e DDT. ***Juntos, herbicidas e pesticidas ajudaram a tornar realidade o que os agricultores do passado só conseguiam imaginar em sonhos***: verdadeiras monoculturas ou campos com plantações e nada mais.

★ Infelizmente, como foi mostrado depois, há um preço ecológico: plantas e animais comuns nas plantações quase foram extintos.

***Primavera silenciosa* revisitada**

As previsões de Rachel Carson em relação ao uso dos pesticidas (páginas 10-11) foram confirmadas por uma queda vertiginosa no número de pássaros canoros em muitas partes do mundo. Em parte, isso se deveu à perda do hábitat mas, para muitas espécies, as práticas da agricultura moderna foram as vilãs. Hoje, pesticidas e herbicidas dificilmente prejudicam diretamente os pássaros – ao contrário da primeira geração de produtos dos anos 40 e 50 –, porém matam pequenas plantas e animais que servem de alimento para eles. Sem esses alimentos poucos pássaros poderão sobreviver.

A REVOLUÇÃO VERDE

★ No fim da década de 50, a agricultura intensiva começou a ser disseminada nos países em desenvolvimento. Esse fato marcou o início da Revolução Verde – um período de 30 anos de grandes colheitas que permitiram a muitos países pobres tornarem-se auto-suficientes em alimentos. Com esse incrível aumento na produção, veio uma crescente dependência dos produtos químicos agrícolas – e também problemas ecológicos em escala global.

Resistindo

Uma desvantagem dos pesticidas é seu efeito metralhadora. Na hora do ataque, eles matam tanto os mocinhos – predadores naturais das pragas – quanto os bandidos. Outro problema é que encorajam ativamente o desenvolvimento da resistência aos seus efeitos. Isso acontece porque, em qualquer espécie, há diferenças de genes entre os indivíduos. Nas populações de pragas, é provável que alguns tenham genes que forneçam proteção natural contra determinado pesticida; caso esse pesticida seja usado com freqüência, os indivíduos sem resistência morrem enquanto os outros se multiplicam.

o milagre d
arroz nas
Filipinas

O GRANDE SALTO À FRENTE

★ *A Revolução Verde teve início no México*, logo depois do fim da Segunda Guerra. Agricultores financiados pela Fundação Rockefeller criaram novos tipos de trigo cujas colheitas eram espetaculares – quando cultivados sob as condições ideais. Em 1960, o mesmo aconteceu com o arroz. "O milagre do arroz" rendeu o dobro, ou até mesmo o triplo, da produção esperada pelos agricultores. O efeito na produção de alimento foi

vocês não vão ficar livres
de mim tão facilmente

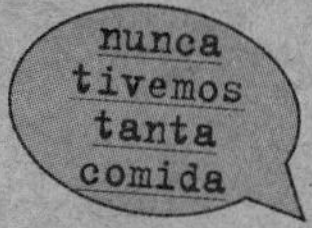

os mexicanos nunca tiveram tanta fartura

um fenômeno, principalmente para o mundo desenvolvido. A Índia pôde formar seus próprios estoques de alimento em vez de confiar nos grãos importados e a produção de cereais no México aumentou oito vezes em 20 anos.

DEDOS CRUZADOS

★ A Revolução Verde é um dos maiores acontecimentos do século XX, por ter fornecido alimento extra em uma época de grande necessidade. Do ponto de vista ecológico, esse recorde não é tão bom assim. As novas colheitas milagrosas fazem parte de um pacote em que pesticidas e fertilizantes estão juntos. Como resultado, o uso generalizado dos PRODUTOS QUÍMICOS AGRÍCOLAS CRESCEU MAIS QUE AS COLHEITAS. No fim dos anos 60, cerca de meio milhão de toneladas de DDT se acumulou no meio ambiente, a maior parte dispersa pelas plantações de alta produtividade.

★ Embora os pesticidas atuais sejam menos nocivos que o DDT, outro grande problema ecológico permanece. A agricultura intensiva aumentou nossa DEPENDÊNCIA EM RELAÇÃO A ALGUMAS POUCAS VARIEDADES DE CULTURAS, ao contrário das milhares cultivadas pelos antigos agricultores. A longo prazo, esse colapso da biodiversidade é uma má notícia, pois significa que várias culturas antigas – ***com características úteis como resistência a doenças – podem desaparecer. E, depois que sumirem do mapa, seu potencial genético estará perdido para sempre***.

GIGANTES VERDES

No século XIX, o trigo crescia até a altura do peito de uma pessoa, com longos caules que eram usados para fazer telhados. No caso de cereais como o trigo, tamanho não é sinônimo de qualidade: o trigo do século XIX gastou mais energia para desenvolver os caules que os grãos e, além disso, dobrava-se facilmente durante as tempestades. Um dos avanços da Revolução Verde foi ter criado variedades semi-anãs de trigo e arroz. Apesar de menores, essas plantas produzem mais alimento.

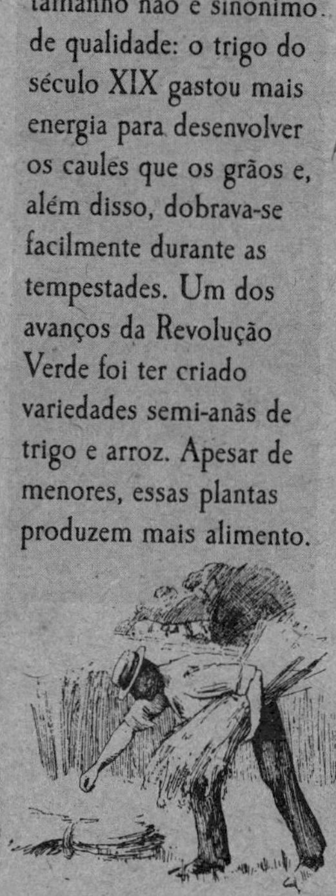

construtor de telhados

GENES TRANSPORTADOS

★ Durante a Revolução Verde, novos tipos de plantações foram criados por meio da reordenação dos genes presentes no arroz e no trigo – uma versão contemporânea de técnicas milenares. Mas, na década de 80, surgiu uma forma nova e mais precisa de modificação dos vegetais: a engenharia genética, que pode transferir genes entre espécies, possibilitando o poder sem precedentes de alterar seres vivos.

"Infelizmente, grande parte da discussão sobre biotecnologia tem sido dominada por linguagem alarmista e imprecisa, mas altamente emocional... Afirmações de que genes de animais e peixes são colocados em plantas têm sido usadas para convencer os consumidores de que seu alimento é perigoso e artificial."

ANN FOSTER, PORTA-VOZ DA MONSANTO, UMA EMPRESA LÍDER EM BIOTECNOLOGIA

MÚLTIPLAS MISTURAS

★ As técnicas envolvidas na engenharia genética são complexas, as possibilidades criadas, extraordinárias. Dentro de limites, a engenharia genética permite a cópia de quase todo tipo de gene de uma espécie e sua inserção em outra. Como os genes operam com base em um código químico universal compartilhado por todos os seres vivos, todos podem funcionar onde estiverem – em uma bactéria, planta ou ser humano.

★ Para o cultivo de vegetais, os benefícios da engenharia genética são imensos. Seus resultados são rápidos, fascinantemente precisos e permitem que as plantas tenham CARACTERÍSTICAS QUE NUNCA TIVERAM ANTES. Qualquer recurso útil codificado por um simples gene – como resistência a doenças, tolerância ao

a engenharia genética é a melhor coisa que já nos aconteceu

frio ou à toxicidade dos pesticidas – pode ser retirado e transferido, criando novas plantações "transgênicas".

ADMIRÁVEL MUNDO NOVO

★ Os defensores da engenharia genética juram que é o melhor que já aconteceu desde a Revolução Verde. Alguns acreditam que sua importância vai além – ela seria o avanço mais significativo desde o início do cultivo de vegetais. Muitos ambientalistas não compartilham desse otimismo. Consideram a engenharia genética uma ameaça econômica aos agricultores e fonte de risco ecológico.

★ A ameaça econômica vem do poder que as companhias agroquímicas terão à medida que patentearem novas variedades de plantações mundiais. O perigo ecológico surge da imprevisibilidade do comportamento dos vegetais transgênicos, principalmente se disseminados no ambiente selvagem. Se novos genes forem passados às plantas selvagens, poderia haver súbita instabilidade nos ecossistemas naturais, com crescimento desenfreado de vegetais híbridos. Esse perigo é descartado pelos engenheiros genéticos, mas ninguém sabe ainda até que ponto confiar na biotecnologia.

PALAVRA-CHAVE

TRANSGÊNICO: descreve qualquer organismo cuja formação genética tenha sido alterada artificialmente pela inclusão de genes de outras espécies.

será que a engenharia genética vai tirar o pequeno agricultor do mercado?

"As quatro maiores companhias agroquímicas prevêem um futuro onde poucas variedades de ... plantações serão cultivadas comercialmente. Eles estão trabalhando para garantir que, na próxima década, a maioria das plantações mundiais seja cultivada com sementes geneticamente modificadas por eles."

PATRICK HOLDEN, DA UK SOIL ASSOCIATION

CAPÍTULO 4

O PLANETA POVO

★ Durante grande parte da história humana, a população mundial cresceu lentamente a uma taxa quase imperceptível. Durante o século XIV, chegamos perto de um crescimento negativo, por causa dos milhões de mortes causadas pela Peste Negra, uma explosão global da peste bulbônica. Mas, com o início da Era Industrial, há cerca de 250 anos, os freios foram soltos. Os números do crescimento humano entraram numa escalada exponencial – que só agora começa a diminuir.

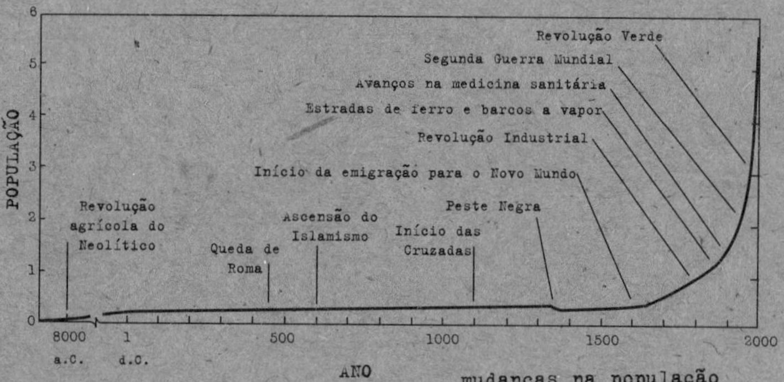

mudanças na população mundial ao longo do tempo

Mudando o curso

A queda atual na taxa de crescimento da população do planeta deve-se principalmente à diminuição das altas taxas de natalidade e mortalidade, processo conhecido como TRANSIÇÃO DEMOGRÁFICA. Durante uma transição demográfica, a queda na taxa de nascimentos acontece por várias gerações antes que a queda da taxa de mortalidade se manifeste, criando um período de rápido crescimento.

NÚMEROS EM ALTA

★ Mesmo para os mais ardorosos fãs da espécie humana, a interpretação dos números causa mal-estar. No começo do século XX, havia cerca de 1,6 bilhão de pessoas na Terra. No fim desse mesmo século, a população mundial chegou a 6 bilhões – um milhão de vezes mais que na época do surgimento da agricultura. Os efeitos de desastres naturais, de duas guerras mundiais e de uma lista infindável de outros conflitos foram desconsiderados por essa aparente escalada incontrolável.

★ As causas desse crescimento vertiginoso são complexas. A EXPLOSÃO POPULACIONAL geralmente é creditada à medicina moderna, mas a verdade é que ela teve início antes da era das drogas e da imunização em massa. Um fator ainda mais importante foi o incremento no fornecimento de alimentos, juntamente com progressos nas áreas de higiene e sanitarismo. Quando o aumento populacional já estava em curso, os avanços do século XX – a descoberta dos antibióticos e a Revolução Verde – só aqueceram o processo.

A CURVA EM S

★ Os gráficos de crescimento da população humana são semelhantes aos produzidos durante os experimentos ecológicos, quando os animais se reproduziam sem os fatores que controlam a natalidade. ***Como uma colônia de besouros da farinha, a população humana levou tempo para chegar à fase exponencial, e essa parte do ciclo de crescimento pode durar apenas um certo período.*** Nas décadas de 50 e 60, a curva ainda estava tornando-se mais íngreme, mas recentemente surgiram sinais de que começa a baixar.

★ De acordo com estimativas recentes, a queda sugere a estabilização da população mundial em torno de 12 bilhões, daqui a mais ou menos 100 anos. ***A questão crucial é se esse número excederá a capacidade da Terra de suportar a espécie humana.***

PALAVRA-CHAVE

TRANSIÇÃO DEMOGRÁFICA: redução na taxa de crescimento populacional, geralmente atribuída ao desenvolvimento econômico.

Em processo

Na maioria dos países desenvolvidos, a transição demográfica já se completou, mas em muitos países em desenvolvimento ainda está em processo. Na África, as taxas de mortalidade caíram, mas as de natalidade ainda são altas. Conseqüentemente, muitos desses países possuem taxas de crescimento acima de 3%.

na África, as taxas de natalidade ainda são altas

a turma do barulho

PESSIMISMO OU OTIMISMO?

Paul Ehrlich

★ Em 1968, quando os números da população humana cresciam em ritm acelerado, o biólogo norte-americ no Paul Ehrlich publicou o livro *The Population Bomb* (A bomba popu lacional), no qual alertava que a humanidade estava prestes a "se reproduzir até desaparecer comple tamente". As terríveis previsões dispararam um debate acalorado entre os ecologistas "pessimistas" como o próprio Ehrlich, e os "oti mistas" – um grupo de economistas mais favorável ao crescimento.

É OFICIAL

Em 1972, as previsões de Paul Ehrlich sobre os efeitos do crescimento populacional tiveram eco em *Os limites do crescimento*, estudo encomendado por um grupo de empresários – O Clube de Roma. O estudo explicitava os perigos do crescimento populacional descontrolado e recomendava ação imediata para combater a poluição e frear no crescimento industrial. Em 1981, ações semelhantes foram recomendadas no *Relatório global 2000 para o presidente*, um estudo oficial encomendado pelo governo dos EUA.

UM HOMEM, UMA MISSÃC

★ *The Population Bomb* é uma leitura sombria. Ehrlich argumenta que a Terra já sustenta mais pessoas do que pode suportar e que, em poucas décadas, a fome levaria o crescimento populacional a diminuir. No fim do século XX, o alto padrão de vida desfrutado pelos habitantes dos países desenvolvidos seria apenas uma lembrança distante. Apesar de sua mensagem pessimista – ou talvez justamente por causa dela –

o livro de Ehrlich transformou-se em um *best seller*.

★ Nos anos posteriores, os acontecimentos pareciam comprovar as previsões de Ehrlich. ***A explosão populacional continuou e a guerra entre árabes e israelenses, em 1973, resultou no boicote do petróleo ao Ocidente***. O combustível foi racionado e o desemprego cresceu, gerando uma ansiedade generalizada em relação ao futuro.

DESASTRE ADIADO

★ As alterações populacionais não aconteceram como Ehrlich previu. A população mundial cresceu sem provocar catástrofes. Quase o contrário: durante a década de 80, a economia do mundo teve um surto de crescimento.

★ Onde Ehrlich errou? Para economistas como **Julian Simon**, autor de *Population Matters* (As questões populacionais), a resposta é óbvia: as pessoas são um recurso – fato que Ehrlich ignorou. Segundo esse argumento "cornucopiano", aumento da população significa aumento de crescimento econômico, que produz aumento na qualidade de vida.

★ Os argumentos de Simon atraíram partidários, principalmente depois do sucesso de algumas de suas previsões (páginas 110-111). Muitos ambientalistas acreditam, contudo, que continuamos nos MULTIPLICANDO EM RITMO ACELERADO DEMAIS.

estamos nos reproduzindo muito rapidamente? as opiniões divergem

"A batalha para alimentar a humanidade foi perdida. Na década de 70 ... centenas de milhares de pessoas vão morrer de fome ... nada pode evitar um aumento substancial das taxas de mortalidade no mundo... Os vastos suprimentos agrícolas dos Estados Unidos estão esgotados."

PAUL EHRLICH, EM *THE POPULATION BOMB*

A TERRA INDUSTRIAL

★ Isoladamente, o tamanho da população mundial não determina nosso impacto coletivo no meio ambiente. Um fator igualmente importante é a forma como as pessoas vivem. Não importa se você é "verde", ao viver em uma nação civilizada, necessariamente estará usando recursos e gerando poluição.

a reciclagem ajuda, mas as sociedades industrializadas sempre causam forte impacto no meio ambiente

noruegueses são os maiores consumidores do mundo por causa de sua imensa indústria pesqueira

MARCANDO PONTOS

★ Desde o início da Era Industrial, os estilos de vida começaram a se transformar de tal forma que, hoje, algumas pessoas provocam um impacto ambiental muito maior que outras. Os ecólogos sintetizam esse fato com a "equação do impacto", descrita como I=PxT. Os fatores do lado direito da equação são a população e a tecnologia. A multiplicação de um pelo outro resulta no fator da esquerda – o valor do impacto ambiental humano total.

★ Quando as letras são substituídas por números, cada país produz resultados diferentes. Em termos globais, os números relativos às populações dos países desenvolvidos são baixos, mas todos têm resultados não posso acreditar que os noruegueses passaram na nossa frente

altos no fator tecnológico. Conseqüentemente, o impacto ambiental total de seus cidadãos é muito elevado. Nos países em desenvolvimento, os níveis da tecnologia são baixos, mas sua população é enorme. Como resultado final, os valores são tão altos quanto os dos países desenvolvidos.

COMO VOCÊ PARTICIPA?

★ Um problema da equação de impacto é que não é fácil expressar essas variáveis em números. É simples conseguir os números populacionais, mas a tecnologia é uma medida muito menos mensurável, sujeita a diferenças de interpretação. Uma forma de contornar esse problema é medir coisas que estão lado a lado com a tecnologia, como o consumo de matéria-prima.

★ Esse método foi adotado pelo *World Wide Fund for Nature* em pesquisa realizada em todos os países para elaborar o *Living Planet Report*, publicado em 1998. O relatório mostrou que, se um consumidor mundial médio causa um impacto de 1, o impacto do norte-americano médio é de 2,7, e o de um europeu, 1,72. No outro lado da escala, um africano médio contribuiria com apenas 0,55.

unidades de pressão por pessoa a cada ano, 1995

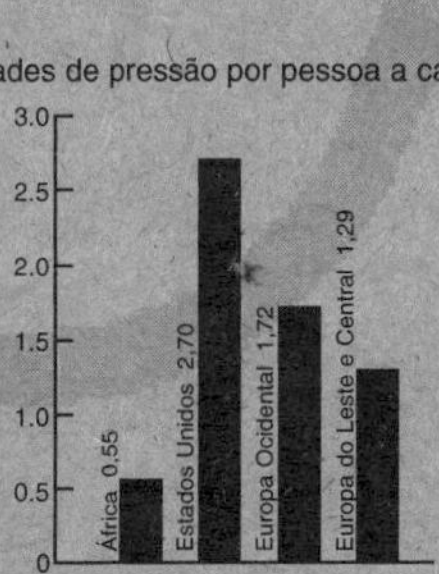

pressão de consumo por região

QUEM É O NÚMERO 1?

No *WWW's Living Planet Report*, os norte-americanos aparecem em sexto lugar na lista de nações com alta pontuação nas "pressões de consumo". Na frente deles, estão, na ordem, os dinamarqueses, os cingapurianos, os chilenos, os formosinos e os noruegueses. Esses resultados surpreendentes foram produzidos calculando-se o consumo nacional de cinco matérias-primas – grãos, peixe, madeira, água e cimento – e os níveis de uma forma de refugo: o dióxido de carbono produzido pela queima de combustível. A Noruega ficou em primeiro lugar graças a seu maciço consumo de peixe – o equivalente a um quarto de tonelada por habitante a cada ano – e seus altos níveis de emissão de gás carbônico.

DISPUTA DE DEZ ANOS

★ Segundo os economistas "cornucopianos", os recursos naturais não possuem nenhum limite real, pois a engenhosidade humana sempre vai descobrir formas mais efetivas de usá-los ou, então, outros recursos para substituí-los. Muitos ecólogos acreditam que, a longo prazo, a verdade é exatamente o oposto e, por essa razão, precisamos proteger os recursos que possuímos hoje. Em outubro de 1980, uma célebre aposta colocou esses dois pontos de vista à prova.

sempre vamos encontrar novos usos para os recursos naturais

Cara ou coroa

A população humana poderá se estabilizar, com o desenvolvimento mundial? Alguns líderes fatalistas acham que não. Eles argumentam que, hoje, muitos dos países desenvolvidos densamente povoados só funcionam porque podem importar recursos dos países em desenvolvimento, que têm pouca ou quase nenhuma indústria. Se esses países se industrializassem, o suprimento de recursos seria extinguido. Os economistas "cornucopianos" rejeitam essa idéia, afirmando que mercados livres desenvolverão os recursos que necessitam.

DIMINUIR, AUMENTAR

★ O desafio foi lançado por **Julian Simon**: el *argumentava que, se os recursos realmente estivessem ficando escassos – como os ecologistas defendiam – as forças do mercado fariam com que os preços subissem.* Se essa visão estivesse correta, o preço dos recursos deveria baixar. Simon acreditava na redução de preços e desafiou todos a provarem que ele estava errado.

★ **Paul Ehrlich** aceitou o desafio, e foi feita uma aposta

mercado de ações

em público, envolvendo o acompanhamento dos preços de cinco metais ao longo de dez anos. O estoque inicial de metais valia mil dólares. Se seu preço subisse, Simon pagaria a Ehrlich o aumento; se diminuísse, Ehrlich pagaria. Em outubro de 1990, o preço dos cinco metais havia caído pela metade – ou até mais, se a inflação fosse levada em conta. Ehrlich pagou da forma devida.

CONFIE NO MERCADO

* A partir de 1990, muitos economistas – principalmente nos EUA – usaram a vitória de Simon para descartar a idéia de que a escassez de recursos seria um eterno problema para a humanidade, pelo menos enquanto as forças de mercado pudessem atuar livremente. Eles destacaram que, comparado com a média salarial, o custo da maior parte dos recursos naturais corresponde a quase metade do que era em 1950 e, no caso dos combustíveis fósseis, novos estoques estão sendo descobertos todo o tempo. ***Assim, o crescimento populacional gera abundância, que financia soluções para os problemas criados pelo próprio crescimento.***

* Embora seja reconfortante, ESSE CENÁRIO NÃO CONVENCEU MUITOS ECOLOGISTAS. *Grande parte deles acredita que, a curto prazo, os recursos são mais que suficientes. Mas, à medida que aumentamos mais e mais nosso consumo, estamos provocando importantes mudanças na biosfera – mudanças que nenhuma riqueza extra será capaz de corrigir.*

Aproveite enquanto é tempo

As baleias são a "mercadoria" que exemplifica os dois lados do argumento sobre os recursos. A partir da metade do século XVIII, as baleias cachalote começaram a ser caçadas por causa de seu óleo – um combustível de queima limpa usado em lampiões e velas. Cerca de 5.000 baleias cachalotes foram mortas por ano, mas a espécie sobreviveu porque substituíram seu óleo pelo querosene – um exemplo clássico de substituição de recursos. No entanto, com as grandes baleias *baleen*, caçadas por causa da carne, não houve substituição. Sem a proteção internacional, as forças do mercado provavelmente a teriam levado à extinção.

baleia cachalote

FOGO INIMIGO

★ De todos os recursos necessários para a manutenção do estilo de vida moderno, a energia fica no topo da lista. Desde a descoberta dos combustíveis fósseis - bem antes da era industrial -, a obtenção e o uso de energia têm causado um impacto importante nos ecossistemas do mundo.

Bolha de Hubbert

Em 1956, o geólogo norte-americano **M. King Hubbert** mostrou que a produção de uma plataforma de extração de petróleo segue uma curva de sino. **Ela alcança seu ponto mais alto quando metade do combustível foi retirada, criando um pico de produção chamado de "bolha de Hubbert".** Muitos analistas do mercado de petróleo acreditam que a produção mundial vai alcançar seu pico em 2010.

torre de perfuração de petróleo

os humanos consomem mais energia que os outros animais, principalmente pela queima de combustíveis fósseis

ALÉM DO CORPO

★ Em média, um ser humano adulto precisa de cerca de 2.000 calorias de energia por dia - o necessário para levar três baldes de água à ebulição. Se fôssemos como outras formas de vida, essa seria nossa necessidade total de energia, pois os seres vivos só podem usar a energia a uma certa taxa. Mas a ENERGIA SOMÁTICA OU CORPORAL não é a única que usamos. Desde a descoberta do fogo, ela tem sido substituída pela energia extra-somática – o tipo que usamos de outras formas. *Para uma pessoa média imaginária, essa energia suplementar acrescenta cerca de 300.000*

minerador
de carvão

alorias por dia, ou 150 vezes a necessidade real de nossos corpos. Grande parte dessa energia vem dos combustíveis fósseis – carvão, óleo e gás natural.

DESLIGANDO A TOMADA

★ Seguindo as taxas atuais de uso, os combustíveis fósseis não correm risco imediato de acabar. Mas, há enorme divergência de opiniões sobre sua duração. As reservas de carvão da Terra são vastas, suficientes para outros dois séculos, mas as reservas comprovadas de gás e petróleo, não. ***É provável que exista quantidade suficiente desses dois combustíveis para mais 50 anos, consideradas as taxas atuais***, e que outras reservas serão localizadas. Em compensação, as taxas de consumo não são fixas: seu porcentual aumenta várias vezes a cada ano.

★ Porém, antes de ficarmos na mão por causa da falta de combustível, os efeitos colaterais nocivos irão nos FORÇAR A LIMITAR SEU USO. Todos eles – particularmente o carvão – contêm substâncias que liberam gases venenosos quando queimados e, mesmo que sejam completamente removidos, os combustíveis fósseis causam outros tipos de problemas. Eles são os principais responsáveis pela aceleração do EFEITO ESTUFA (páginas 146-147), ***fenômeno que se destaca como um dos maiores problemas ambientais do século XXI***.

CONTAGEM CRIATIVA

Os números relativos à quantidade de petróleo disponível para extração não são confiáveis, e estão sujeitos ao "jogo" político. Em meados dos anos 80, muitos países da Opep – inclusive Arábia Saudita, Kuwait e Venezuela – anunciaram um súbito aumento de 40% a 200% em suas reservas, embora nenhuma grande descoberta tivesse sido feita. Esse aumento repentino permitiu que aumentassem suas cotas de exportação, quando, na verdade, teoricamente deveriam estar sendo reduzidas.

parar o superaquecimento da Terra é um dos grandes desafios ecológicos

Fissão e fusão

Os atuais reatores nucleares trabalham por **fissão nuclear**, que libera calor e também raios gama – forma de radiação tão intensa que só pode ser bloqueada por várias camadas de concreto. Uma forma alternativa de liberar a energia dos átomos, chamada fusão nuclear, não produz raios gama nem lixo radioativo. No entanto, a fusão só acontece a temperaturas próximas a 15.000.000°C. Até agora, os físicos não conseguiram viabilizar o uso da fusão em escala comercial.

ENCHA O TANQUE

Um quilo de urânio pode liberar quase a mesma quantidade de energia obtida por dois milhões de litros de petróleo (440.000 galões).

ENERGIA NUCLEAR

★ Em 1954, o presidente da Comissão de Energia Atômica dos Estados Unidos declarou com entusiasmo que a energia nuclear iria produzir eletricidade "tão barata" que seria difícil medi-la. Infelizmente, não foi bem assim que as coisas funcionaram. Entre 1960 e 1990, a quantidade de energia nuclear gerada foi multiplicada por 400, mas, após uma série de vazamentos e acidentes, seu futuro é incerto. Se essa é uma boa ou má notícia para o meio ambiente, só o tempo dirá.

PRÓS E CONTRAS

★ Comparada às formas tradicionais de geração de energia, a nuclear tem enormes vantagens. Ela usa pouco combustível e, como este não é queimado, não libera gases tóxicos na atmosfera. *Pode ser usada por países que não têm combustíveis fósseis, reduzindo a necessidade de transferir o carvão, petróleo ou gás de um lugar para outro.*

★ A desvantagem da energia nuclear é o envolvimento de MATERIAIS

materiais radioativos escaparam do reator de Chernobyl

POTENCIALMENTE LETAIS. Os combustíveis nucleares são altamente radioativos, assim como o lixo produzido pela fissão nuclear. Quando algum desses materiais escapa de um reator – como aconteceu em Chernobyl, em 1986 – pode provocar doenças e danos ambientais em larga escala.

DESLIGANDO A TOMADA

* O desastre de Chernobyl foi o maior acidente ocorrido em um reator, na história da energia nuclear, e pode ser considerado responsável pela morte de mais de 5.000 pessoas. ***Em 1979, um desastre potencialmente maior, em Three Mile Island, na Pensilvânia***, só foi evitado porque um combustível nuclear não conseguiu passar pelo aço e paredes de concreto do reator. Esses acidentes, e vários outros, deram à energia nuclear sua reputação de perigosa. Com exceção da França, poucos países estão financiando novas usinas nucleares, e outros estão abandonando completamente seus projetos nessa área.

* No entanto, se o mundo todo deixar de produzir essa energia, alguma forma deverá ser encontrada para geração de 300 BILHÕES DE WATTS DE ENERGIA – quantidade atualmente fornecida pela energia nuclear. ***Os defensores da energia nuclear argumentam que isso não pode ser feito sem provocar ainda maiores danos ao meio ambiente. Para o "lobby" antinuclear, os riscos são tão altos que não vale a pena manter esse tipo de energia.***

PALAVRAS-CHAVE

FISSÃO NUCLEAR: quebra de átomos pesados para produzir átomos leves. No processo, os átomos perdem pequena quantidade de massa, convertida em energia.

FUSÃO NUCLEAR: combinação de átomos leves para produzir átomos pesados. O processo produz a energia liberada pelo sol.

alguns cientistas dizem que os riscos da energia nuclear são menores que o perigo de beber duas xícaras de café por dia

represa hidrelétrica

ENERGIA EM MOVIMENTO

★ Nenhuma fumaça, nem gases poluentes e, o melhor de tudo, nenhum lixo perigoso – parece a fórmula perfeita para solucionar o eterno problema da energia. No entanto, como muitos países descobriram, grandes represas podem produzir muita eletricidade, mas sempre provocam problemas ambientais.

A MINHA É MAIOR QUE A SUA

★ As represas têm sido usadas para gerar energi há mais de 2.000 anos, embora seu uso para movimentar turbinas geradoras em lugar de pedras de moinho seja bem mais recente. A prime represa hidrelétrica foi construída em 1889 e, atualmente, cerca de 15% da água que corre na superfície do planeta acaba indo parar em uma represa em algum ponto da sua jornada até o oceano. ***No século XX, represas gigantes tornaram-se símbolo nacional de status. A represa Hoover, construída no Rio Colorado (EUA), ent 1930 e 1936, deu origem a um dos maiores lag criados pelo homem, com uma extensão de mai de 180 km***. Mas, em 1970, os engenheiros russo que trabalhavam no Egito conseguiram fazer melhor: quando a represa de Aswan High foi terminada,

ERROS ELEMENTARES

No mundo todo, existem hoje perto de 40.000 represas, com mais de 15 metros de altura, e milhares de outras menores. Uma de vida breve foi a San Men Xia Dam, no rio Amarelo, China. Seu reservatório foi coberto por sedimentos apenas quatro anos após a construção. Acredita-se que o Lago Nasser – reservatório da represa de Aswan Hign Dam – estará coberto de sedimentos lá pelo ano 2025.

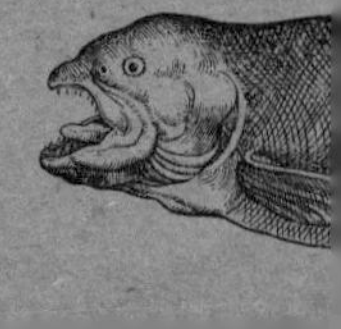

salmão

riginou um lago com mais de 350 km de xtensão, contendo cerca de 170 km³ de água.

VENCEDORES E PERDEDORES

A represa de Aswan foi transformada em um xemplo didático dos RESULTADOS ECOLÓGICOS IDESEJADOS, decorrentes da construção de repre-as. Por ter sido construída sem grandes compor-as, ela retinha os sedimentos ricos em nutrientes ue, anteriormente, fertilizavam as terras agrícolas o Egito durante a enchente anual do Nilo. Os zendeiros egípcios, agora, precisam usar fertili-antes artificiais. A represa também criou uma ena gigante para a sucessão ecológica (veja as áginas 44-45). Entre os primeiros vencedores da ıta que se instalou estavam os caramujos de água oce – aqueles que transmitem esquistossomose, oença parasitária que pode infectar os humanos. m outras partes do mundo, novos reservatórios oram invadidos por plantas flutuantes. Às vezes, quantidade dessas plantas provoca a aralisação das turbinas.

As represas são uma má notícia ara os animais terrestres – principalmente uando as florestas ficam submersas – mas mbém podem afetar os peixes. Os lmões migratórios podem atravessar presas passando por "escadas para eixes", especialmente construídas, mas em todos os peixes são capazes de seguir o emplo desses atletas. Depois da construção de uma represa, os nadadores mais lentos ficam separados de seus locais de desova e logo desaparecem.

Os "novos destruidores de represas"

Em 1996, a Newport Number II, no rio Clyde, em Vermont, tornou-se a primeira represa a ser posta abaixo por motivos ecológicos. A represa de 5 m tinha impedido a migração dos salmões por quatro décadas, mas semanas após sua destruição, eles recolonizaram a área rio acima.

não tenho energia pra tanto, talvez no próximo ano

as represas impediram os salmões de alcançar os locais de desova

JOGANDO ÁGUA FORA

★ Nos últimos 40 anos, o Mar de Aral (Ásia Central) – um lago gigante onde circulavam frotas de barcos de pesca – secou como uma poça d'água ao sol. Vítima de uma experiência agrícola malsucedida, ele é um exemplo do que pode acontecer quando os seres humanos tratam a água como um recurso inesgotável.

O VAZIO QUE FICA

Quando a água é retirada dos aqüíferos subterrâneos, o lençol de água vai baixando lentamente. Isso significa que os poços precisam ser perfurados cada vez mais fundo para que a água seja alcançada. Em algumas partes do Texas, o lençol de água do aqüífero de Ogallala baixou cerca de 50 m no último meio século. Em regiões da Austrália onde a agricultura depende das águas subterrâneas, o nível do lençol diminuiu mais de 100 m.

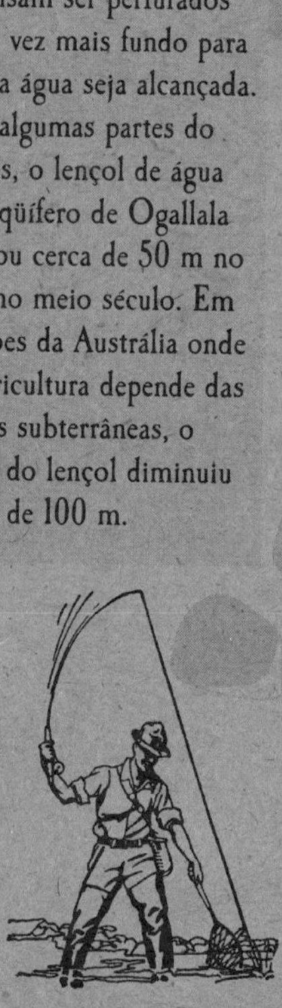

quando os rios foram desviados, o Mar de Aral secou

TEMPOS SECOS

★ Os problemas do Mar de Aral começaram no início dos anos 60, quando especialistas soviéticos decidiram irrigar as terras da redondeza para plantio de algodão e outras culturas. A quantidade de água desviada dos dois principais rios da região foi tão grande que, no verão, apenas um regato seguiu seu curso normal. ***Privado do fornecimento habitual de água, o Mar de Aral começou a desaparecer***. À medida que a costa recuava, os antigos portos pesqueiros iam ficando encalhados a quilômetros de distância terra adentro. Para piorar a situação, a poeira dos fertilizantes acumulados no leito seco era

caramujo marinho

espalhada pelo vento, ameaçando a saúde da população.

★ A responsabilidade pela "experiência do Aral" foi creditada à incompetência burocrática e à falta de compreensão do CICLO DA ÁGUA. Mas não são apenas os especialistas soviéticos que estão sujeitos a erros ecológicos básicos. Nos Estados Unidos, o Rio Colorado chega ao mar quase vazio, e é provável que o aqüífero de Ogallala – enorme reservatório de água subterrânea – seja bombeado até secar nos próximos 40 anos.

PALAVRAS-CHAVE

AQÜÍFERO: camada (ou camadas) de rocha porosa que contém água.

ÁGUA SUBTERRÂNEA: água que circula pelo subsolo, e não pela superfície.

LENÇOL DE ÁGUA: nível que marca a fronteira superior da água subterrânea de uma área.

RECURSOS QUE EVAPORAM

★ Ao contrário dos combustíveis fósseis, a água não é destruída pelo uso, mas a forma como é usada produz efeitos importantes no meio ambiente. Quando a água é retirada de um rio, usada em casas ou em fábricas, tratada e depois devolvida, o fluxo do rio permanece mais ou menos inalterado. Mas, se ela for espalhada por plantações, gramados ou campos, sua maior parte segue um atalho hidrológico, ou seja, EVAPORA DIRETAMENTE. Esse fato prejudica a vida de animais e plantas dos rios e áreas alagadas, pois remove um recurso essencial para a sua sobrevivência.

a água usada na irrigação evapora

★ ***Nos países desenvolvidos, cerca de um quarto de toda a água retirada de rios e aqüíferos subterrâneos é perdido dessa forma.*** COMO O CONSUMO TRIPLICOU DESDE 1950, a vida da água fresca vai enfrentar tempos difíceis no futuro.

Sedes comparadas

O país mais sedento do mundo é, de longe, a ex-república soviética do Turcomenistão. Ali são usados, diariamente, 16.500 litros de água por pessoa – grande parte na agricultura. Isso equivale a cerca de 1,5 milhão de vezes a quantidade de água que cada habitante, em teoria, necessitaria para sobreviver.

SEM ESCONDERIJO

★ Os oceanos têm sido descritos como a fronteira final do estilo de vida baseado na caça. Até o século XX, a situação estava perfeitamente equilibrada: localizar os peixes e pescá-los era um negócio difícil e perigoso, e somente uma porção insignificante das reservas de peixe era trazida para a terra. Hoje, a moderna tecnologia permite que os barcos pesqueiros movimentem-se com muita precisão. Como resultado muitas reservas de peixe chegaram ao fim.

a pesca com arpão não produzia grande efeito na quantidade dos peixes

O QUE NÃO VÊM À MESA

Desde a década de 60, a pesca mundial duplicou, mas apenas metade das 110 milhões de toneladas de peixes vai parar nas mesas. Um quarto é usado para alimentar outros animais. E o que sobra acaba sendo devolvido ao mar – é "peixe de segunda", sem valor comercial.

arenque

EM QUEDA

★ As flutuações nos resultados da pesca não são novidade. Na Suécia, pesquisas históricas mostram que, nos últimos mil anos, a pesca do arenque alternou períodos bons e ruins, num ciclo com duração aproximada de um século. No passado, é pouco provável que os pescadores tenham afetado as reservas de arenque – o ciclo, com certeza, seguia as regras da natureza. Mas, durante o século XX, AS RESERVAS DE ARENQUE DESPENCARAM de forma nunca vista antes. Para proteger a espécie da extinção, sua pesca foi proibida.

★ Com o avanço dos métodos de pesca, esse

estou na pior

padrão repetiu-se em muitas partes do mundo. ***As sardinhas da Califórnia foram comercializadas pela primeira vez no começo do século XX. Em 1930, mais de 60.000 toneladas eram trazidas à terra, a cada ano***. Em 1950, poucas sardinhas restavam. Nos Grand Banks da Terra Nova – local de pesca importante durante vários séculos – as reservas de bacalhau se esgotaram no fim da década de 80. Foram tantos os navios que se dirigiram àquela área que o bacalhau adulto não teve como escapar.

OCUPANDO A VAGA

★ O que acontece com os outros animais marinhos quando uma espécie importante sai repentinamente de cena? ***No caso da sardinha da Califórnia, outro peixe – a anchova – tomou conta das águas***. Algo semelhante aconteceu na Antártida quando, no começo deste século, as baleias-de-barbatanas foram dizimadas. As focas comedoras-de-caranguejos – que na verdade se alimentam de krill e não de caranguejos – levaram a melhor. Sua população chegou a quase 40 milhões de indivíduos – mais que todas as outras focas do mundo juntas.

★ Embora seja uma boa notícia para as anchovas e as comedoras de caranguejos, é uma péssima notícia para a vida marinha como um todo. Removendo espécies importantes, a pesca e a caça às baleias <u>TORNAM OS ECOSSISTEMAS MARINHOS MAIS INSTÁVEIS</u>, rompendo o equilíbrio alcançado após longo tempo.

bacalhau

Lucro fácil

Comparados com os pescadores, os caçadores de baleias começaram mais cedo a dizimar suas presas. A captura comercial de baleias *Eubalaena glacialis* começou na Baía de Biscaia há mais de 800 anos. No século XIV, os caçadores de Basque já precisavam ir mais longe para encontrar baleias. No século XVI, eles haviam alcançado os distantes Grand Banks da Terra Nova. Nos 100 anos seguintes, caçadores vindos de vários países quase deram fim à baleia *Eubalaena glacialis*, no Atlântico Norte.

CHEGANDO AO SUBSOLO

* Quando a Corrida do Ouro atingiu a Califórnia, em 1849, milhares de garimpeiros correram para Sierra Nevada, loucos para enriquecer. Além de enriquecer alguns felizardos, a Corrida do Ouro teve um efeito indesejado: quase um bilhão de metros cúbicos de lixo da garimpagem foi levado por rios e riachos, indo parar na Baía de São Francisco.

um grupo de garimpeiros

GARIMPO RICO

* Os metais constituem cerca de um quinto da crosta terrestre, portanto é PEQUENO O RISCO DE SE ESGOTAREM. O ferro e o alumínio estão em quase todo lugar, e mesmo metais raros, como platina e ouro, não pareceriam tão raros caso suas reservas pudessem ser calculadas. No entanto, como ficou comprovado em 1849, na Califórnia, existem algumas dificuldades em relação a essa fartura natural. Para recolher metais úteis, muito lixo precisa ser eliminado. Quanto mais raro é um recurso, MAIOR É A QUANTIDADE DE LIXO QUE ELE PRODUZ, E MAIS PROBLEMAS ECOLÓGICOS ELE GERA.

É só pôr água

Cerca de 3.000 trilhões de toneladas de solo e rocha são revirados pelos seres humanos, todos os anos. Parte desse total é usado para fabricar metais, mas uma crescente maioria vai para produção de materiais de construção, como brita, areia e cimento.

Em média, os europeus ocidentais – líderes mundiais no "consumo" de cimento – ficam com quase meia tonelada por pessoa, anualmente.

tem bastante ouro, é só você conseguir pegá-lo

muitas rochas que cavamos são usadas na construção

* Por causa do lixo da corrida do ouro, os rios transbordaram e afetaram a vida dos animais ao alcançar o mar. A Baía de São Francisco acabou sendo recuperada, mas outros efeitos negativos da mineração podem durar ainda muito tempo. ***Ser soterrado pelo lixo é um dos problemas enfrentados por animais e plantas das áreas de mineração; ser envenenado, é outro.***

GOLPE DUPLO

* Os detritos da mineração geralmente contêm altas concentrações de METAIS PESADOS, como o cobre e o chumbo, que são "mobilizados" pela água da chuva, quando o lixo é acumulado no solo. A mistura metálica infiltra-se nas hidrovias, matando a vida selvagem. A fundição e o refinamento também poluem pela liberação de substâncias tóxicas no ar. A poluição dos grandes fornos de fundição pode matar vegetações a quilômetros de distância.

* No século XVI, o metalurgista alemão **Georg Bauer** – mais conhecido como **Agrícola** – observou outro efeito da fundição: seu enorme apetite por energia. ***Na época de Agrícola, a energia vinha da madeira e era usada para produzir o ferro.*** É relativamente fácil extrair o ferro dos minerais brutos, mas extrair o alumínio, descoberto em 1825, é incrivelmente difícil. Por isso, a fundição do alumínio nos dias de hoje consome 1% DE TODA A ENERGIA DO MUNDO.

BURACO DE MEIO QUILÔMETRO

O uso crescente de metais é responsável pelo maior buraco feito pelo homem – a mina de cobre Bingham Canyon, em Utah (EUA), com 800 metros de profundidade e 4 km de largura. A rocha removida do buraco seria capaz de encher o Canal do Panamá sete vezes.

Grama durona

É preciso ser uma espécie vegetal muito especial para sobreviver em refugos de minas de chumbo. No País de Gales, os botânicos descobriram uma espécie de gramínea que conseguiu se adaptar a esse difícil meio ambiente, desenvolvendo resistência a níveis de chumbo de até 1% – suficientes para matar quase todo tipo de plantas (e de animais).

LUZES BRILHANTES, CIDADES GRANDES

* Em 1700, apenas cinco cidades tinham populações de mais de meio milhão: Londres, Paris e Constantinopla (atual Istambul) no Ocidente; Pequim e Tóquio no Oriente. Um século depois, havia aparecido apenas mais uma na lista das "supercidades" – Cantão –, e a maioria delas era compacta o suficiente para ser atravessada em meia hora. A partir daí, as cidades expandiram-se ainda mais rapidamente que a população mundial como um todo.

Novos vizinhos

Para alguns animais, a colcha de retalhos de casas e jardins, típica da paisagem urbana, parece ser melhor que seus próprios hábitats. Os guaxinins e raposas adotaram a vida urbana, e os pássaros são, às vezes, mais freqüentes nesse ambiente que no campo. Nos Estados Unidos, um pássaro cujo ninho é feito no chão – o falcão noturno – mudou-se com êxito para os centros das cidades, botando seus ovos nos telhados.

guaxinins

New York, New York.

A VIDA NAS RUAS

* Em 1800, só 3% das pessoas do mundo viviam em cidades, e mesmo as cidades maiores eram pequenas, segundo o padrão moderno. E tinha de ser assim: a única forma de transporte era o cavalo. Em termos ecológicos, as cidades eram grandes borrões na paisagem, mas, por serem poucas e distantes entre si, seu impacto como um todo era limitado.

* Hoje, existem CERCA DE DUZENTAS CIDADES COM MAIS DE MEIO MILHÃO DE HABITANTES, e outras dez com uma população superior a 10 milhões. Em lugar de minoritária, a vida nas cidades está se tornando a regra.

ILHAS URBANAS

★ As cidades afetam o desenvolvimento de várias formas. Não é preciso ser ecologista para notar que elas destroem os hábitats e geram poluição; porém, alguns de seus efeitos são mais sutis. Como não absorvem a água das chuvas, as áreas construídas aumentam as chances de enchentes, e alteram as condições da vida aquática. Essas áreas GERAM SEUS PRÓPRIOS PADRÕES CLIMÁTICOS, com mais chuvas e nuvens, e também com menos ventos, do que existiam anteriormente no local. As cidades também criam "ILHAS DE CALOR", onde a temperatura média é 3°C mais alta que fora da área urbana. Esse calor, pelo menos, às vezes é bom para a natureza: em alguns locais da Europa e da América do Norte, os pássaros costumam passar as noites de inverno no aconchego quente das cidades.

★ *No entanto, esses benefícios não significam grande coisa para a vida de animais e plantas como um todo. As cidades são centros de grande consumo, absorvendo recursos de todas as partes do mundo. Quanto maior o número de cidades, e quanto maior seu tamanho, maior será seu impacto sobre a natureza.*

Os pilares urbanos

No começo do século XVI, os Países Baixos foram os primeiros a ter 10% de sua população vivendo em cidades. Hoje, essa porcentagem chega a 90%, fazendo deles os países mais urbanizados do planeta.

os pássaros voam para as cidades, em busca de calor

ASCENSÃO E QUEDA

O termo megalópole foi criado pelo geógrafo francês, **Jean Gottman**, no começo da década de 60, para descrever grupos de cidades reunidas em imensos centros populacionais, ocupando vários quilômetros. A Megalópole original era uma cidade-estado da Grécia Antiga, cercada por muralhas com cerca de 10 km de extensão. Ironicamente, sua população atual é de apenas 5.000 habitantes.

estorninho

a expansão das cidades

EXPANDINDO HORIZONTES

★ Com a taxa atual de expansão urbana, a pressão sobre a terra agrícola é imensa. Levando em conta essa mudança de mão única, será que vão sobrar terras cultivadas suficientes para abastecer toda a população? A resposta – como geralmente acontece no caso dos recursos – depende do ponto de vista.

COMIDA "NO BANCO"

No mundo atual, existe alimento armazenado suficiente para manter a população global por 70 dias. Apesar dos avanços na agricultura, esse resultado não é melhor que no começo da década de 1960.

TERRA E ALIMENTO

★ *Os economistas "cornucopianos" acreditam que a terra é um recurso subexplorado*. Cerca de um quarto da terra não coberta pelo gelo, teoricamente pode ser destinada à produção de alimentos. No entanto, MENOS DA METADE DESSE TOTAL É APROVEITADA. No papel, esses números sugerem que poderíamos dobrar o fornecimento de alimentos, simplesmente duplicando a quantidade de terra destinada à agropecuária. Se levarmos em conta os futuros avanços em tecnologia e no rendimento das colheitas, aí então é que a suposta escassez de terra nem parece escassez: mesmo com a expansão das cidades, HAVERIA TERRA SUFICIENTE PARA ALIMENTAR O MUNDO TODO.

há cereais suficientes para 70 dias

★ Muitos ecólogos analisam a questão de outro

ıngulo. O total de terra cultivada atualmente – cerca de 1,5 bilhão de hectares – já criou normes problemas ambientais. Alguns deles, omo a salinização, arruinaram terras anteriornente usadas para o plantio. A expansão da gropecuária em áreas virgens pode tornar o uadro ambiental ainda pior. ***A moral ecológia da história é que, em vez de buscar novas erras, deveríamos proteger aquelas que usamos*** e CULTIVÁ-LAS DE FORMA SUSTENTÁVEL.

PRECISAMOS NOS ESFORÇAR MAIS

★ A questão terra-alimento é complicada pela NORME DESIGUALDADE existente no mundo. Hoje, produzimos alimento suficiente para que odos tenham o que comer, mas SOMENTE SE LE FOR DISTRIBUÍDO DE FORMA ADEQUADA. Isso, é laro, não acontece. ***A distribuição do alimento desigual, o mesmo acontecendo com as ietas***. Se todos fôssemos vegetarianos rigorosos (uma impossibilidade biológica nas regiões rias do planeta), a produção global de alimentos poderia manter toda a população de forma elativamente fácil. Mas, se a população mundial optasse pelo cardápio hambúrguer e fritas, à moda norte-americana, somente metade dela teria o ue comer.

★ ***No passado, o aumento da produtividade ajudou a alimentar a população em crescimento, mas ssa tarefa está se tornando cada ez mais difícil.***

Ganho de grãos

Desde 1950, a produção mundial de cereais subiu quase duas vezes e meia, ***mas o crescimento populacional fez com que a produção por pessoa subisse muito menos.*** Em 1950, eram produzidos 250 quilos anuais por pessoa. Hoje, esse valor é de cerca de 300 quilos – nível atingido pela primeira vez em 1980.

COTAS REDUZIDAS

As novas terras usadas para plantio a cada ano são compensadas pelas terras abandonadas, tanto por práticas agrícolas indevidas, quanto pelas construções. Conseqüentemente, a quantidade de terra por habitante diminuiu cerca de 40%, nos últimos 50 anos.

é impossível alimentar todo o mundo com uma dieta baseada na carne a indústria holandesa de linho, do século XVI, era a principal poluid

CAPÍTULO 5

LIMPANDO A SUJEIRA

*** A poluição não é novidade. No fim do século XVI, indústrias holandesas, que alvejavam o linho, lançavam refugos tóxicos nos canais. No século XVII, a fumaça do carvão tornou a atmosfera de Londres tão tóxica que muitos escritores famosos fizeram campanha contra o uso desse combustível. Mas, até o século XX, a poluição era um assunto local, que afetava alguns lugares, deixando outros intocados. Desde então, ela passou a ser um problema do qual dificilmente alguém – ou alguma coisa – pode escapar.**

nem tente escapar!

Em excesso

Ser poluente ou não, muitas vezes, é uma questão de grau. O dióxido de carbono, por exemplo, é um componente da atmosfera, essencial para o crescimento dos vegetais. Mas, quando grandes quantidades desse gás são liberadas pela queima de combustíveis, ele se transforma em poluente.

POLUIÇÃO NATURAL

* Os humanos não detêm o monopólio da poluição. Na natureza, animais mortos e plantas apodrecidas podem contaminar canais; e incêndios em campos e erupções vulcânicas podem poluir o ar. No mar, "marés vermelhas" tóxicas, causadas pela explosão populacional de criaturas microscópicas, chamadas dinoflageladas, matam milhões de peixes periodicamente, deixando-os apodrecer nas praias.

* Durante milhões de anos, os seres vivos criaram resistência a esses problemas ambientais. O que eles não possuem é proteção contra as NOVAS E VARIADAS FORMAS DE POLUIÇÃO do mundo atual.

A GLOBALIZAÇÃO DA POLUIÇÃO

★ Dois avanços técnicos – ambos em meados do século XIX – marcaram o início da era da poluição moderna. Um foi a invenção do mecanismo interno de combustão. Construído pelo engenheiro francês **Jean Lenoir**, em 1860, acabou por criar fontes de poluição móveis na terra, no mar e no ar. Outro – quatro anos mais tarde – foi a descoberta da primeira tinta sintética pelo químico britânico, **William Perkin**. A tinta, chamada "malva", tornou-se bastante popular, e Perkin ficou rico. Sua criação também detonou uma onda de pesquisas para descoberta de substâncias similares. Por fim, o novo campo da QUÍMICA ORGÂNICA produziu não apenas tintas, mas uma grande variedade de solventes, medicamentos, pesticidas e plásticos. Algumas dessas substâncias existem na natureza, mas a maioria é criação inteiramente humana.

★ Hoje, a lista completa desses produtos orgânicos ultrapassa a marca dos dez milhões, e milhares de novos produtos são registrados a cada ano. Sua toxicidade é testada mas, já que muitos são recentes, *não se sabe ao certo quais serão seus efeitos ambientais a longo prazo*.

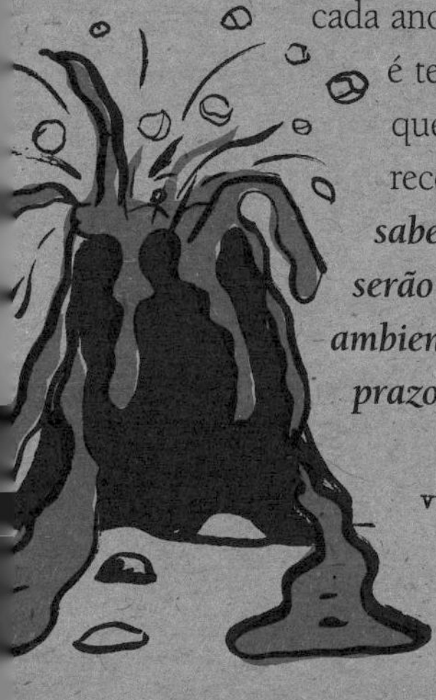

as erupções vulcânicas são fonte de poluição

SEGURO? ATÉ QUE PONTO?

Venenos de ação rápida são fáceis de serem identificados, mas identificar os mutagênicos – químicos que provocam mutações genéticas –, é muito mais difícil. O método padrão usado para distingui-los, inventado pelo bioquímico norte-americano, **Bruce Ames**, emprega uma classe especial da *Salmonella bacterium* incapaz de dividir-se e crescer de maneira normal. Se essa bactéria começar a se dividir após a administração do produto químico, isso indica que ele é um provável causador de mutações – alterações genéticas que podem levar ao câncer.

PALAVRA-CHAVE

POLUIÇÃO: perturbação nos sistemas vivos causada por produtos químicos ou outros agentes.

LEVADO PELA CORRENTE

★ Se tivesse de inventar um sistema de esgotos, você perceberia que o fluxo da água é praticamente imbatível. A água é um excelente solvente e está sempre em movimento, levando o lixo corrente abaixo. Nos anos 50, a maioria dos países industrializados usaram e abusaram desse serviço gratuito e, décadas mais tarde, alguns rios estão apenas começando a se recuperar.

Sob tratamento

O sistema de tratamento de detritos imita o processo da natureza, permitindo que o lixo orgânico seja decomposto, sem prejudicar a vida dependente da água.

O chute inicial é dado pelo tratamento primário, que consiste em deixar a "matéria sólida" assentar no fundo de um reservatório de sedimentação. No segundo estágio, a parte líquida é transferida para um tanque de filtragem direta ou com areia. Isso permite que as bactérias quebrem a matéria orgânica remanescente. Depois, o efluente é tratado com cloro para matar vírus e bactérias infecciosas, para depois ser finalmente liberado.

LEVANDO O LIXO

★ *Existem dois tipos principais de poluidores das águas – os produtos químicos industriais e biológicos e os detritos biológicos.* Os detritos biológicos, há séculos, têm sido jogados ou (mais recentemente) descarregados em rios, muitas vezes sem nenhuma forma prévia de tratamento. Na Londres do século XVIII, o rio Tâmisa recebeu tantos detritos que um membro do parlamento escreveu uma carta de reclamação ao rei usando água do rio em lugar de tinta.

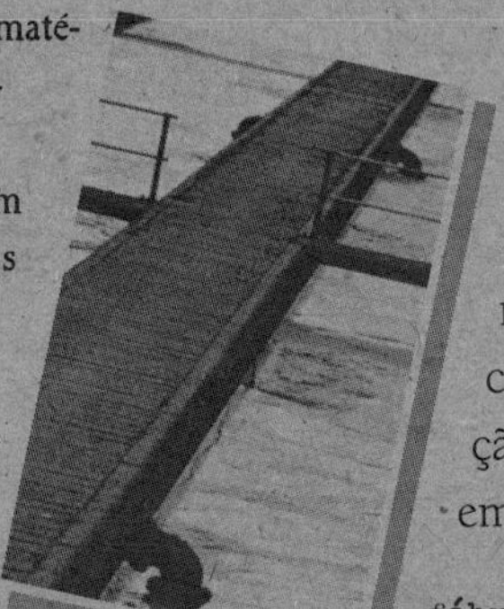

fábrica de tratamento de detritos

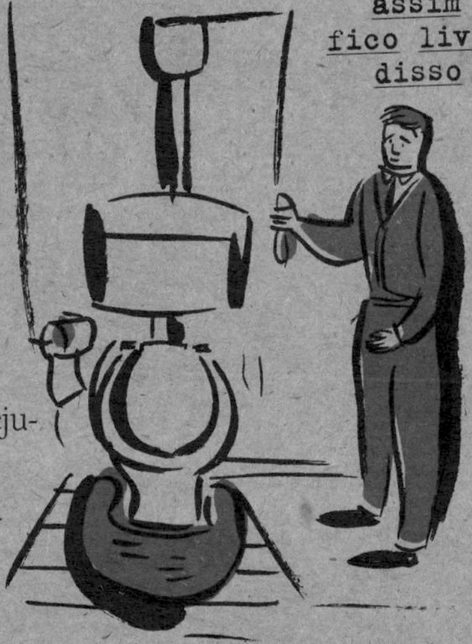

jogar o problema cano abaixo não é a solução

★ Os resíduos biológicos são 100% rgânicos e, por isso, são logo quebra-os. O problema é que os organismos ue fazem essa quebra – principalmen-: as bactérias – precisam de oxigênio ara trabalhar. Quando um rio tem rande quantidade de detritos, a maior arte de seu oxigênio é consumida, preju-icando a vida do rio como um todo. s minhocas que vivem na lama conse-uem sobreviver em água com pouco xigênio, o mesmo não acontece com nimais mais ativos – em especial, os peixes.

GRANDE LIMPEZA

★ ***Na década de 50, os níveis de oxigênio dos os urbanos do mundo desenvolvido haviam aixado a níveis críticos – cerca de 10% do alor natural.*** Em Londres, a situação era tão uim que um barco foi usado para injetar xigênio puro diretamente na água, uma olução cara, com resultados limitados. elizmente, OS ANOS 50 FORAM A DÉCADA DA RADA. A situação dificilmente podia piorar.

Nos dois lados do Atlântico, os anos eguintes viram a construção de muitas entrais de tratamento de detritos. Isso ermitiu que o processo de quebra natural osse realizado longe dos rios, fornecendo todo oxigênio necessário às bactérias. Quando o luente é liberado, quase todo seu conteúdo gânico já foi quebrado. ***Esse tipo de trata-ento permitiu que os rios urbanos, embora ão fiquem completamente limpos,*** PERMANE-AM PELO MENOS BIOLOGICAMENTE VIVOS.

SISTEMA SOBRECARREGADO

A demanda biológica por oxigênio, ou DBO (*demanda biológica de oxigênio*), mede a quantidade de oxigênio necessário para que os decompositores (páginas 28-29) quebrem a matéria orgânica existente na água. A DBO da água dos esgotos pode ser 20 vezes maior que o nível do oxigênio em um rio ou lago.

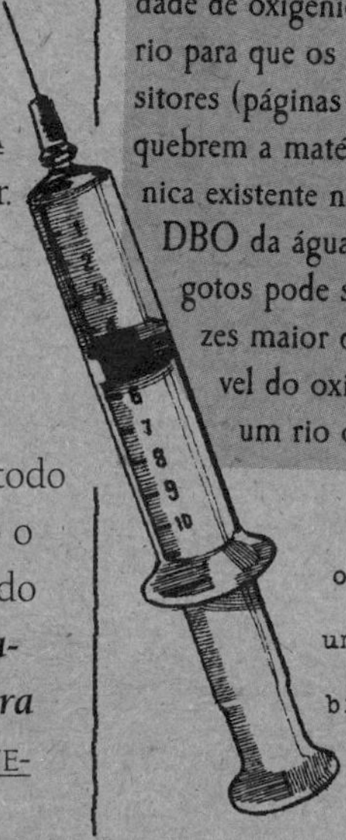

injetar oxigênio puro nos rios é uma forma cara de mantê-lo biologicamente vivo

DANOS OCULTOS

* Apesar do grande avanço no tratamento do lixo transportado pela água, ainda não conseguimos pôr fim à contaminação química que atinge rios e riacho Entre os produtos químicos poluentes, estão os fertilizantes, pesticidas, e uma grande variedade d subprodutos industriais. Alguns deles são relativamente inofensivos; outros, extremamente mortíferos.

muitos danos ecológicos não são visíveis

AUMENTO DO MERCÚRIO

* No começo da década de 50, na cidade japonesa de Minamata, foi mostrado o que pode acontecer quando os detritos industriai estão muito perto de casa. Os pescadores e suas famílias, além dos gatos e gaivotas, começaram a ter sintomas de envenenamento grave. Pelo menos 50 pessoas morreram, e muitas outras, atacadas pela "doença de Minamata", ficaram paralíticas para sempre. As vítimas tinham uma coisa em comum – haviam se alimentad com produtos do mar da Baía de Minamata. Os funcionários da saúde pública descobrirar que os peixes e moluscos da baía continham ALTOS NÍVEIS DE MERCÚRIO, encontrado no efluente de uma fábrica da cidade. Quando interromperam a emissão do efluente, já era tarde demais.

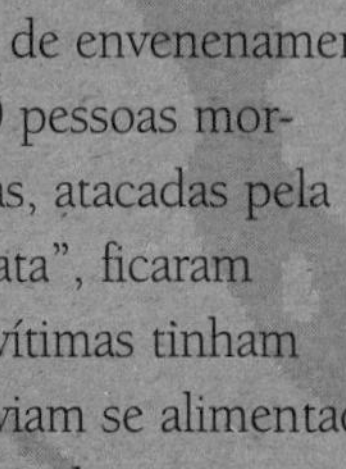

molusco

* Metais pesados – como mercúrio, cádmio e

Interrompendo as descargas

Em geral, as ações contra a poluição da água envolvem soluções "no final do cano", ou seja, o tratamento dos poluentes depois que eles já foram produzidos. Na maioria dos casos, a redução desses poluentes seria um meio muito mais eficaz de lidar com o problema.

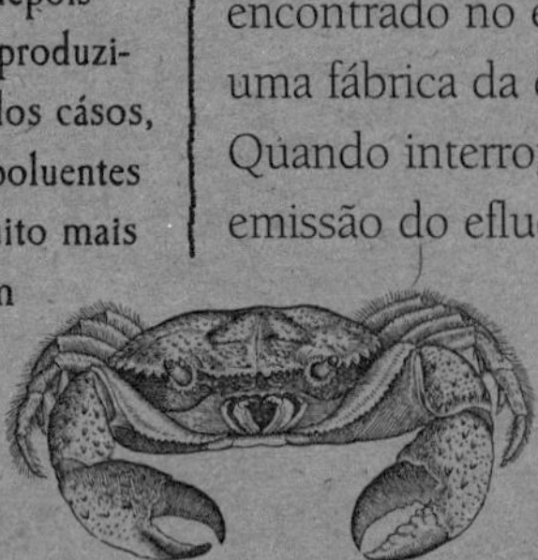

caranguejo comestível

chumbo – são usados em muito processos industriais, MAS TÊM MANIA DE ESCAPAR. Removê-los do lixo industrial é um processo caro e tecnicamente difícil. Isso explica porque, anos após o desastre de Minamata, o mercúrio continua contaminando as águas de muitos rios do mundo.

a população de Minamata foi vítima da poluição das águas

QUANDO OS OLHOS NÃO VÊEM

★ O lixo transportado pela água nem sempre vai parar em rios e lagos. Parte dele PASSA PELO SOLO, alcançando os reservatórios subterrâneos. Como a água subterrânea movimenta-se mais lentamente que a água dos rios, depois de ser contaminada geralmente leva muito tempo para se ver livre do poluente. ***No leste da Inglaterra, parte das águas subterrâneas ainda contêm traços dos refugos do processamento do óleo de baleia, liberados no século XIX***.

★ Para a vida selvagem, a contaminação das águas subterrâneas não é tão prejudicial como a contaminação de rios e riachos mas, para os seres humanos, é um enorme problema. A água do subsolo freqüentemente é usada na irrigação e na alimentação. Como extraímos grande quantidade dela, o que desce – seja óleo de baleia, petróleo ou nitratos de fertilizantes – mais cedo ou mais tarde torna a subir.

PROBLEMAS NO SUBSOLO

Números do Departamento de Proteção Ambiental dos Estados Unidos mostram que as águas subterrâneas de mais de 40 estados estão contaminadas com nitratos dos fertilizantes. Em mais de 30 estados existem problemas causados pela contaminação por pesticidas, resíduos de petróleo e metais pesados.

riachos contaminados são um perigo para os peixes

O EFEITO CASCATA

*** O mal de Minamata é um exemplo clássico de um fenômeno ecológico alarmante. Conhecido como bioacumulação, ou biomagnificação, significa a concentração de produtos químicos poluentes em animais do topo das cadeias alimentares. Conseqüentemente, um poluente relativamente raro no ambiente pode acabar provocando um efeito devastador em determinadas espécies.**

PALAVRAS-CHAVE

PERSISTÊNCIA: indicação do tempo que um poluente permanece no ambiente antes de ser quebrado. A persistência geralmente é medida pelo tempo levado para metade da quantidade original desaparecer.
FATOR DE ACUMULAÇÃO: quantidade de concentração de determinado poluente em animais e plantas.

SUBINDO A CADEIA ALIMENTAR

* Quando contamina as águas próximas à costa, o mercúrio se mistura aos sedimentos d leito do mar. Os vermes desse hábitat usam alimentos contaminados e não são capazes de eliminá-los. No sedimento, o nível de mercúri geralmente é baixo – talvez represente apenas uma bilionésima parte de qualquer punhado retirado do fundo. Mas, LENTAMENTE, O MERCÚR VAI SENDO ACUMULADO NO INTERIOR dos vermes. No final, pode chegar à uma concentração 2.0 vezes superior à concentração encontrada nos sedimentos.

* Essa quantidade de mercúrio não mata os vermes, porém cria a SITUAÇÃO IDEAL PARA O ESTABELECIMENTO DA

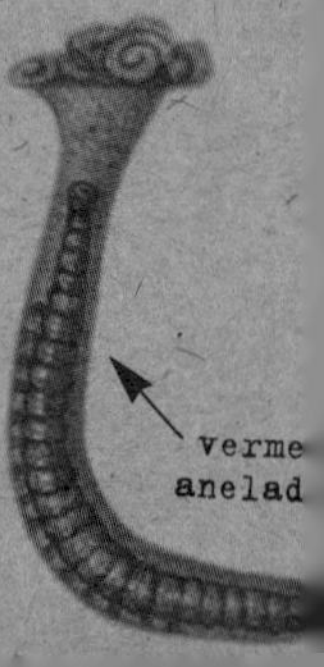

os pingüins contêm altos níveis de PCBs

:ORRENTE DE CONTAMINAÇÃO. A cada vez que o nercúrio é transferido para um elo superior ıa cadeia alimentar, seu nível é intensifi-:ado. Os peixes contaminados costumam er cinco vezes mais mercúrio que os ermes, e as aves marinhas geralmente ›ossuem oito vezes mais que os peixes. Nesse ponto, o mercúrio atinge níveis ue ameaçam a vida. Por isso, as gaivotas le Minamata foram afetadas pela doença.

RIQUEZA PERIGOSA

★ A bioacumulação funciona com precisão ma-:emática. As ostras podem concentrar o zinco a um "fator de acumulação" de 100.000, e o :ádmio, a 300.000. Em relação aos produtos químicos orgânicos – como os pesticidas – › efeito de magnificação é ainda mais pronuncia-do. Quando o DDT alcança os rios, as aves marinhas que se alimentam de peixes podem acumular um nível de DDT 25 milhões de vezes superior ao da própria água.

★ Quanto mais estável é um poluente, mais tempo o processo de magnificação pode durar. Um grupo de produtos orgânicos tóxicos, PCBs (policlorinatos bifenis), causam um problema sério quando misturam-se à água, pois têm uma vida potencial de muitas décadas. Ao contrário do DDT, ***a liberação desses produtos químicos industriais no meio ambiente*** NUNCA FOI INTENCIONAL. ***No entanto, eles foram liberados e ainda existem em grandes quantidades. Vinte anos após seu uso ter sido restringido, eles alcançaram pontos tão distantes quanto a Antártida, espalhando-se pela vida marinha.***

Gordura fatal

Os hidrocarbonos clorados – grupo de produtos químicos que inclui o DDT – não se dissolvem com facilidade na água, mas dissolvem-se muito bem em óleos e gorduras. Essa é uma má notícia para aves e mamíferos marinhos, pois muitos deles usam a gordura do corpo para isolar o frio. Assim, eles acabam armazenando grandes quantidades de poluentes químicos. Os ursos polares geralmente contêm altos níveis de PCBs (policlorinatos bifenis) assim como os pingüins, embora todos eles vivam em um dos ambientes menos poluídos da Terra.

urso polar

um europeu médio gera meia tonelada de lixo por ano

TEMPOS DESCARTÁVEIS

★ O lixo é um conceito alienígen na natureza, mas é um assunto cada vez mais atual no mundo. A cada ano, o europeu médio gera meia tonelada de lixo, e os norte-americanos produzem o dobro. Com o lançamento de todos esses detritos no meio ambiente, a época em que o lixo podia ser simplesmente amontoado e esquecid está rapidamente chegando ao fim.

Lixo em alta

O maior depósito de lixo do mundo está na Ilha Staten, em Nova York. Ele contém 70 milhões de metros cúbicos de detritos e cresce cerca de 5 milhões de toneladas por ano.

ENCHER E COBRIR

★ No século XX, a história do tratamento dado ao lixo tem sido temperada com descobertas desagradáveis e algumas apressadas mudanças de direção. Até a Segunda Guerra Mundial, o lixo da maiori dos países industrializados era amontoado em pedreiras ou depressões. Depois de cheio, o local era NIVELADO E COBERTO com terra, sendo usado mais tarde para construção ou cultivo de plantações.

★ Esse procedimento simples desprezava um fat importante: O LIXO NÃO É ESTÁTICO. Quando ele é acumulado, a matéria orgânica existente em seu interior começa a ser quebrada, liberando metanc e outros gases inflamáveis. Ao mesmo tempo, a água infiltra-se na massa de detritos e sai levando uma mistura fétida de óleos, produtos químicos dissolvidos e bactérias perigosas.

PALAVRA-CHAVE

LIXÍVIA: líquido produzido quando a água do subsolo ou da chuva se infiltra no solo ou em depósitos de lixo enterrado, carregando substâncias.

os resíduos químicos que escapam dos depósitos são tóxicos o suficiente para dissolver solas de sapatos

✱ Nos anos 60 e 70, uma série de ıcontecimentos importantes envolvendo a ɔoluição mostraram que o lixo residencial noderno é muito perigoso para ser ratado dessa forma. Os locais cobertos le terra foram reprojetados de forma que o DEJETO DA POLUIÇÃO OU LIXÍVIA ÃO ESCAPASSE. Em vez de esquecidos lepois de cheios, esses depósitos de lixo le alta tecnologia precisam ser monitoados e administrados durante décadas.

;ASES E CINZAS

✱ Outro método tradicional de lidar com o ıxo – botar fogo – tem sido atacado por vários ipos de problemas. Os primeiros grandes incileradores, construídos no começo do século X, queimavam o lixo a baixas temperaturas e eravam grande quantidade de fumaça poluen-:. A partir da década de 1950, a preocupação om a qualidade do ar fez com que os incineıdores saíssem de moda. Duas décadas mais ırde, quando os espaços para grandes depósiɔs ficaram escassos, eles voltaram à cena.

✱ Os incineradores modernos queimam o lixo TEMPERATURAS MUITO ALTAS – até 1.000°C. Isso quente o suficiente para destruir qualquer ıatéria orgânica, mas também produz *um vaɔr composto de metais pesados como mercúrio chumbo. Apesar das técnicas modernas para ter esses poluentes, a incineração continua n negócio sujo e caro – do tipo que ɔuca gente quer em sua porta.*

Lições do canal

A abordagem "enterre e esqueça" foi responsável por um dos piores casos de poluição dos Estados Unidos, na cidade de Niagara Falls. Nas décadas de 40 e 50, mais de 20.000 toneladas de lixo químico foram amontoadas em tambores no leito vazio de um canal local. Mais tarde, depois que o lixo foi coberto, começaram a construir casas no local. Nas décadas seguintes, os produtos químicos escaparam, matando plantas e animais e até mesmo dissolvendo solas de sapatos da população. A área foi evacuada, e sua limpeza custou mais de 250 milhões de dólares.

O LIXO QUE FICA

* Durante a longa história da vida, a reciclagem natural - feita principalmente por bactérias e fungos - desenvolveu a habilidade de lidar com um menu variado de restos orgânicos. O que ela não conseguiu fazer, pelo menos até agora, foi adaptar-se aos materiais feitos pelos seres humanos e lançados no lixo residencial. Como não podem ser quebrados, esses materiais estão destinados a emporcalhar o planeta por várias gerações.

o lixo humano
está por todo lado

PALAVRA-CHAVE

BIODEGRADÁVEL: capaz de ser quebrado em compostos orgânicos simples pelos seres vivos (geralmente por microorganismos).

Massa adicionada

A matéria biodegradável – inclusive papel, papelão, restos de comida e lixo de jardins – é responsável por 50% do lixo residencial. Os plásticos somam 10% mas, por causa de sua baixa densidade, podem representar até 25% da massa do lixo.

SAINDO DE CENA

* O lixo produzido pelas pessoas enquadra-se em duas categorias. A matéria orgânica originária dos seres vivos ou lixo BIODEGRADÁVEL, que inclui restos de comida, papel e papelão, pode ser quebrada pelos decompositores – desde que estes tenham as condições ideais para fazê-lo. Já o lixo QUE NÃO É BIODEGRADÁVEL não pode ser quebrado dessa forma. Parte dele se desintegra com o tempo, mas uma grande quantidade permanece intacta.

* Até o século XX, esse lixo não-biodegradável consistia principalmente de cerâmicas, vidro

alguns tipos de lixo podem durar muito tempo

metais. Todos esses materiais são pesados, o que os impede de interferir na vida dos seres vivos. Com o passar dos anos, uma grande quantidade de objetos feitos desses materiais – de potes e garrafas a moedas, colheres e pás – foi abandonada ou perdida e a maioria acabou afundando, sumindo inofensivamente do nosso campo de visão.

LIXO ITINERANTE

★ Com a invenção do baquelite em 1909, foi criado um grupo inteiramente novo de materiais não-biodegradáveis. Ao contrário dos metais, cerâmica ou vidro, os PLÁSTICOS são leves. Por isso não permanecem onde foram colocados, mas são levados pelas correntes ou pelo vento. Seguindo as correntes oceânicas, vários deles vão parar a milhões de quilômetros de onde foram originalmente usados.

★ O lixo plástico é mais que um problema estético. A cada ano, milhares de mamíferos e pássaros marinhos são mortos por ficarem presos em redes e linhas de plástico abandonadas. Os animais que vivem na água também podem se engasgar com o poliestireno, material que fica boiando na superfície, despedaçado em várias partículas finas. Em 1988, ***um tratado internacional proibiu o despejo de plásticos no mar, mas uma visita às praias – não importa quão remota ela seja – mostrará que o*** LIXO PLÁSTICO VIAJA PELO MUNDO INTEIRO.

Notícias de ontem

Em geral, os depósitos de lixo soterrados contêm níveis de oxigênio bastante baixos, o que faz com que a matéria orgânica ali acumulada se decomponha muito lentamente. Em alguns depósitos, os pesquisadores de lixos encontraram jornais que ainda podiam ser lidos depois de permanecerem 25 anos soterrados.

os fungos são decompositores naturais

AR POLUÍDO

★ Há dois séculos, o poeta Robert Southey descreveu a atmosfera de Londres como um composto de nevoeiro dos pântanos, fumaça de chaminés, fuligem e estrume de cavalo pulverizado. Se pudesse visitar Londres, ou qualquer grande cidade de hoje, descobriria que a fuligem e o estrume desapareceram, mas a poluição do ar permanece.

a poluição do ar tem grandes e pequenas fontes

Química suspensa

Os poluentes primários são aqueles lançados diretamente no ar. Os secundários são resultado de reações entre os poluentes primários. Muitos poluentes secundários são mais problemáticos que os primários.

poluentes primários vão direto para o ar

ESPALHANDO FUMAÇA

★ Mais que qualquer outro tipo de dano ao meio ambiente, a poluição do ar funciona em uma grande variedade de escalas. A fumaça de uma fogueira feita no jardim pode criar intensa poluição local, mas seus efeitos são insignificantes a um ou dois quilômetros de distância. A fumaça e os gases liberados pela cidade industrial precisam de muito mais ar para se diluírem e se dispersarem. Por isso, quando a poluição é muita, seus efeitos podem ser sentidos nos locais para onde o vento sopra.

★ Na época de Southey, a poluição do ar provocava um impacto regional. Devido ao enorme crescimento das cidades, e ao fato de queimarmos muito mais combustíveis que há 200 anos, a POLUIÇÃO DO AR AGORA TEM ALCANCE GLOBAL.

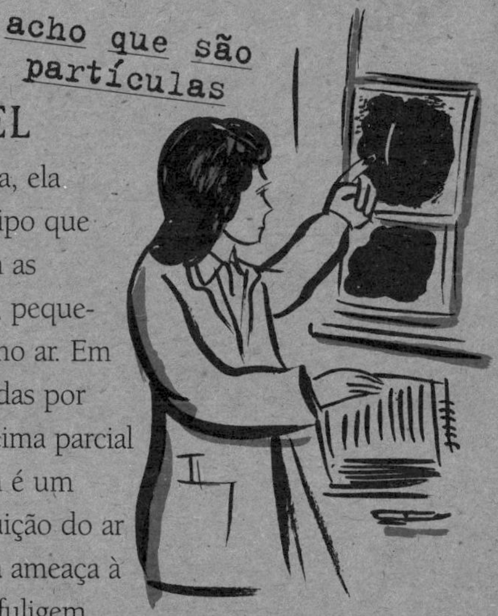

EXPOSIÇÃO INVISÍVEL

★ Quando alguma coisa é queimada, ela produz dois tipos de poluentes. O tipo que chamou a atenção de Southey foram as PARTÍCULAS – grãos de matéria sólida, pequenos o suficiente para flutuar no ar. Em geral, as partículas são formadas por combustão incompleta – queima parcial que gera a fuligem. A fuligem é um componente bastante visível da poluição do ar e, em nível local, pode ser uma séria ameaça à saúde. No entanto, as partículas de fuligem não vão longe. No nível regional ou global, os poluentes invisíveis são muito mais perigosos.

★ Esses poluentes invisíveis são todos os GASES, e cada um deles possui propriedades químicas diferentes. Alguns, como o dióxido de enxofre, causam um impacto direto nos seres vivos, matando plantas e animais quando seus níveis ficam muito altos. No outro extremo, o dióxido de carbono não é nada tóxico, embora, em altas concentrações, possa sufocar animais. De qualquer forma, venenosos ou não, esses gases têm uma coisa em comum: eles estão sendo lançados em quantidades sem precedentes, e alguns deles estão provocando mudanças que afetam toda a Terra.

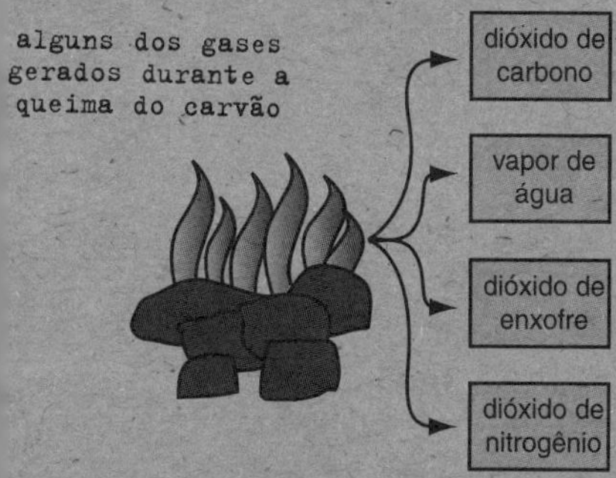

DESAPARECENDO NO AR

Se você deixar uma lata de tinta a óleo destampada, depois de alguns meses, ela talvez não sirva para mais nada. Os solventes de tintas são apenas uma fonte de compostos orgânicos voláteis ou VOCs (Volatile Organic Compounds), que criam poluição simplesmente pelo fato de desaparecerem no ar. Entre os VOCs estão os combustíveis, os fluidos da lavagem a seco e – mais importante de todos – os gases refrigerantes usados em geladeiras e congeladores. Os VOCs têm alta pressão de vapor, o que significa que evaporam com facilidade a temperatura ambiente.

ATAQUE ÁCIDO

★ De todos os gazes liberados por chaminés e canos de descarga, o dióxido de enxofre foi o primeiro a ser apontado como séria ameaça ambiental. As acusações contra ele incluem morte de florestas e esterilização de lagos, mas ele conseguiu também destruir alguns dos mais valorizados trabalhos de arte do mundo.

Mármores perdidos

Tanto o mármore quanto a pedra calcária são atacados pela chuva ácida. Na Europa, a chuva ácida danificou muitas catedrais construídas no período medieval e provocou erosões nas esculturas da Acrópoles, em Atenas. Alguns desses monumentos ancestrais foram cobertos com resina de plástico para evitar futuros ataques ácidos.

PROCESSO NATURAL

A chuva ácida pode cair a milhares de quilômetros das chaminés de fumaça. Isso acontece porque a água da chuva também dissolve o dióxido de carbono do ar, produzindo o ácido carbônico. O ácido é muito fraco, mas, dispondo de tempo suficiente, pode dissolver pedra calcária e criar cavernas.

NÃO AGÜENTO CHUVA

★ O dióxido de enxofre é altamente solúvel. S tiver oportunidade, ele se dissolve na umidade atmosférica para criar o ácido sulfúrico – UM DOS MAIS CORROSIVOS COMPOSTOS CONHECIDOS. *Em forma concentrada, o ácido sulfúrico dissolve metais e destrói a matéria orgânica por simples contato – comendo rapidamente a pe*

★ Felizmente, o ácido sulfúrico formado na atmosfera nunca é tão forte assim. Mas, mesm em sua forma mais fraca, seu efeito acumulati pode ser trágico. QUANDO CAI EM FORMA DE CHUVA ÁCIDA, ele altera a química do solo e causa um efeito especialmente prejudicial nas florestas coníferas. Quando é levado para os mais rápido, querida, vamos sair dessa chuva ácida

agos, o aumento da acidez pode ser nortal para peixes, e para os animais que os utilizam como alimento.

MOVIMENTOS FALSOS

★ Ironicamente, os esforços para combater a poluição, causada pela fumaça nas décadas de 50 e 60, na verdade aumentaram os efeitos da chuva ácida. Nos EUA e norte da Europa, muitas fábricas e centrais energéticas, que usavam o carvão, foram equipadas com enormes chaminés para que suas partículas de fumaça não chegassem às cidades vizinhas. As chaminés não apenas evitavam a dispersão da fumaça; também funcionavam como plataformas de lançamento para o dióxido de enxofre, espalhando-o a longas distâncias por meio do vento. Conseqüentemente, regiões como o sul da Noruega e da Suécia – originalmente não afetadas – enfrentaram o RÁPIDO DESAPARECIMENTO DA VIDA ENCONTRADA NA ÁGUA. Em partes do mundo a rocha subjacente é alcalina, e isso ajuda a neutralizar a chuva ácida, mas em regiões como o sul da Escandinávia, onde o leito de rocha é quimicamente neutro, não havia nada que impedisse os danos da chuva ácida.

★ ***Hoje, o quadro melhorou***. Nos países desenvolvidos, as emissões de enxofre foram reduzidas significativamente ***nos últimos 20 anos, e a chuva ácida não é mais uma ameaça tão potente. No entanto,*** MUITOS LAGOS E FLORESTAS AINDA NÃO SE RECUPERARAM, ***apesar das tentativas para salvá-los.***

Qual é o seu pH?

A escala do pH, que mede a acidez e a alcalinidade, vai de 0 (muito ácido) a 14 (muito alcalino). O ácido da bateria tem um pH aproximado de 1, enquanto o pH da água é 7. Muitos lagos do sul da Escandinávia têm um pH de 4,5. Na Escócia, o pH da chuva foi de 2,4 – mais ou menos a mesma acidez do vinagre – e em Los Angeles, o pH da neblina atingiu 1,7.

pra onde foram os peixes?

na Noruega, a vida existente na água foi seriamente afetada pela chuva ácida

geladeira

Por que os pólos?

Até agora, os cientistas que estudam a atmosfera ainda não sabem com certeza porque a redução do ozônio é pior nos pólos. Uma possibilidade é que, no frio ar polar, os cristais de gelo forneçam superfícies microscópicas de trabalho nas quais o rompimento da camada de ozônio pode ocorrer. Outra possibilidade é que os ventos, circulando ao redor do pólo, no inverno, ajude a aprisionar os produtos químicos destruidores de ozônio, os quais agem na primavera. Esses ventos são mais fortes na Antártida, o que pode explicar porque nessa região a situação da camada de ozônio é pior.

oh, não! nosso ozônio está acabando

BURACOS NOS PÓLOS

* O ozônio é o Médico e o Monstro da atmosfera. Na terra, ele é um poluente altamente venenoso e um dos mais importantes ingredientes da fumaça urbana. Mas a 25 quilômetros de altura, na estratosfera, o mesmo gás forma uma camada protetora que evita a penetração dos raios ultravioletas do sol, prejudiciais à vida na Terra. Nos últimos anos, apareceram buracos nessa camada.

o ozônio é o Médico e o Monstro da atmosfera

ESCAPANDO PELAS ALTURAS

* A destruição da camada de ozônio remonta à década de 20, com a descoberta dos clorofluorcarbonos ou CFCs. Os CFCs possuem característic[as] nada usuais. Uma delas é o fato de serem INCRIVELMENTE ESTÁVEIS. Após a Segunda Guerra Mundial, os CFCs passaram a ser muito utilizados, principalmente em refrigeradores e como propelentes de aerossóis. A produção disparou, assim como a quantidade de CFCs espalhada pelo ar.

* Naqüela época, ninguém deu nuita importância ao fato. Os CFCs ıão eram tóxicos e nunca estiveram nvolvidos na questão ambiental. Mas, no começo dos anos 70, esse quadro começou a mudar. Dois ientistas norte-americanos – **Mario Molina e Sherwood Rowland** – lescobriram que, embora os CFCs sejam stáveis na atmosfera mais baixa, ou troposfera, les são quebrados quando atingem a estratos- era. Um dos produtos dessa quebra é o cloro, ıbstância que dispara reações em cadeia que estroem a camada de ozônio. A pesquisa ıgeria que, dentro de poucas décadas, a amada de ozônio iria desaparecer.

Limpando a sujeira

os aerossóis são a principal fonte de emissão de CFC

Por que o ozônio preocupa?

O ozônio barra os UV-B, a mais intensa forma dos raios ultravioletas. Níveis altos de UV-B podem causar câncer de pele e cataratas em seres humanos e afetar o crescimento das plantas. Os UV-B agem assim porque sua energia afeta os produtos químicos orgânicos, inclusive o DNA, substância que controla as células vivas.

PRINCIPAIS SUSPEITOS

* O trabalho de Molina e Rowland foi despre- ıdo pela indústria química, e muitos cientistas a área tampouco ficaram convencidos. Mas, no omeço da década de 80, as evidências da des- uição da camada de ozônio começaram a parecer. A cada primavera, os cientistas britâ- cos encontravam sinais de um buraco na amada de ozônio sobre a Antártica e, em 984, um satélite confirmou sua existência.

Em 1987, um acordo chamado Protocolo de ontreal estabeleceu um plano de ação para dução do uso dos CFCs, e, atualmente, esse ano está em funcionamento. Mas, como os FCs ***podem sobreviver durante décadas na mosfera, teremos de esperar pelo menos anos para que a camada de ozônio comece se recuperar***.

PALAVRAS-CHAVE

TROPOSFERA: camada mais baixa da atmosfera, que se estende do solo até uma altura de 12 km. Ela contém a maior parte da umidade atmosférica e praticamente todas as nuvens.

ESTRATOSFERA: camada de atmosfera acima da troposfera, que se estende até a altura de 50 km.

John Tyndall

O EFEITO ESTUFA

*** Muito antes de os seres humanos começarem a afetar a camada de ozônio o físico britânico, John Tyndall (1820–1893) descobriu algo incomum sobre o dióxido de carbono: ele deixa passar a luz, mas bloqueia o calor. Essa propriedade está por trás do "efeito estufa" – fenômeno responsável pela maior alteração ambiental provocada pela raça humana.**

A turma do estufa

O dióxido de carbono não é o único gás que contribui para o efeito estufa. Na "turma do estufa" estão outros gases como o vapor-d'água, CFCs, óxidos de nitrogênio e metano. O metano é produzido por pântanos, gado e lixo em decomposição, e os óxidos de nitrogênio vêm principalmente da queima de combustíveis.

estufa

UM COBERTOR

* O efeito estufa é crucial para a vida na Terra. Ele transforma a atmosfera em um ISOLANTE DE MÃO ÚNICA, permitindo que a energia do sol chegue à terra, mas restringindo o fluxo de calor da Terra de volta para o espaço. Sem o efeito estufa, sair de casa depois do pôr-do-sol ser uma experiência desagradável pois, mesmo nos trópicos, um frio glacial tomari lugar assim que começasse a escurecer. A temperatura média seria de revigorantes -20°C, e a maior parte da água existente na terra ficaria coberta de gelo.

* A força do efeito estufa depend da quantidade de dióxido de carbono na atmosfera – quanto mais dióxido, mais difícil é a

coloque mais lenha na fogueira

os climatólogos podem descrever o clima do passado e o do futuro

liberação do calor. Nos tempos pré-industriais, o nível do dióxido de carbono era de, provavelmente, 250 partes por milhão. Hoje, esse número é quase 360, tendo aumentado em um quarto nos últimos 100 anos. Para algo tão vasto quanto a atmosfera inteira, essa é uma mudança extraordinariamente rápida. Esse dióxido de carbono extra veio quase todo de uma única fonte: os combustíveis fósseis.

CORRIDA AO BANCO

★ ***Quando os combustíveis fósseis são queimados, liberam o dióxido de carbono enterrado durante milhões de anos***. Esse dióxido de carbono é como uma enxurrada de dinheiro vinda de alguma torneira que ficou longo tempo fechada. Muitos climatólogos acreditam que o dióxido de carbono extra será capaz de DEIXAR A TERRA MUITO MAIS QUENTE no próximo século. Se estiverem certos, o aquecimento global vai inaugurar uma era de mudanças ambientais sem precedentes, DE DIFÍCIL PREVISÃO E DIFICÍLIMA REVERSÃO.

AR ANCESTRAL

Os climatólogos foram capazes de estimar os níveis de dióxido de carbono dos últimos 150.000 anos, analisando as bolhas de ar aprisionadas no gelo da Antártida. Esse ar mostra que o dióxido de carbono e os níveis de metano são mais altos durante os períodos interglaciais – intervalos de calor que marcam as Eras Glaciais. Hoje, estamos numa era interglacial: a anterior teve seu auge cerca de 130.000 anos atrás.

Revelação do norte

Apesar da tendência geral de aumento, o nível de dióxido de carbono da atmosfera cresce e diminui a cada ano. Essas "oscilações" anuais ocorrem porque a maior parte da terra do planeta – e conseqüentemente a maior parte de suas plantas – está no hemisfério norte. Durante o verão do norte, as plantas absorvem o dióxido de carbono e o liberam quando hibernam no inverno.

O DEGELO

* No começo da década de 80, quando o aquecimento global pela primeira vez foi parar nas manchetes, as opiniões divergiam bastante sobre seus possíveis efeitos. Alguns especialistas previram um aumento de quatro metros nos níveis do mar no século que estava chegando. Mas, no fim da década de 90, esse número havia diminuído 50 cm. Diferenças como essas comprovam um fato curioso: quando a vítima em questão é algo tão complexo quanto um planeta inteiro, ninguém pode saber com certeza qual será o impacto do aquecimento global.

um aumento nos níveis do mar poderia causar vários problemas

Esse chegou para ficar

Apesar das assustadoras histórias recentes, a probabilidade de que a cobertura de gelo da Antártida derreta num futuro previsível é zero, pois seu enorme tamanho impede que ela seja afetada pelas mudanças de temperatura. Já o gelo do mar, muito mais fino, é outro problema. Um pequeno aumento da temperatura do mar poderia reduzir incrivelmente a quantidade de gelo no Oceano Ártico e ao redor da Antártida no inverno.

COM GELO

* A questão mais intrincada à respeito dos níveis do mar mostra alguns dos problemas envolvidos. Se a Terra se aquecer, PARTE DO GELO POLAR DERRETERÁ, aumentando a quantidade de água dos mares. Ao mesmo tempo, a água do mar vai se expandir, contribuindo pa aumentar o nível do mar. ***O que será mais importante?*** Na década de 80, o degelo estava na crista da onda, e a expansão er subestimada. Hoje, muitos climatólogos acreditam que a verdadeira ordem de importância é o oposto.

* ***Se grandes volumes do gêlo polar começassem a derreter, nem todos***

ninguém tem certeza

provocariam o mesmo efeito. O gelo flutuante, que hoje cobre grande parte do Oceano Ártico, não altera o nível do mar se descongelado, como uma pedra de gelo, quando derrete, não altera o nível de um copo de uísque. No entanto, o descongelamento do gelo glacial – o que forma as coberturas de gelo –, sim, aumenta os níveis, pois acrescenta água ao oceano.

EFEITO DOMINÓ

★ Previsão de alterações no nível dos mares torna-se ainda mais difícil devido à retroalimentação – processo que liga uma alteração à outra. As coberturas de gelo são boas para refletir luz e calor; caso desapareçam, maior quantidade de luz e calor será absorvida. Isso intensificará o efeito do aquecimento, aumentando os níveis do mar. O aquecimento, porém, também pode aumentar a cobertura de nuvens nas altas latitudes, reduzindo a quantidade de luz e calor que chega ao solo. O aumento das nuvens produziria mais neve, aumentando, de forma paradoxal, a velocidade com que o gelo glacial é produzido, compensando, assim, o descongelamento extra.

★ *Essa complexidade significa que as previsões futuras sobre os níveis do mar do planeta – ou quaisquer outros fatores influenciados pelo aquecimento global – precisam ser tratadas com cautela. Quanto mais se olhar para o futuro, maior é a incerteza.*

prever as alterações no nível dos mares é complicado

PALAVRAS-CHAVE

GELO GLACIAL: gelo de geleiras e coberturas de gelo, formado por neve compactada. O gelo glacial pode ter mais de 4 km de espessura e milhares de anos de idade.

GELO DO MAR: gelo flutuante formado quando o mar esfria muito. Mesmo no Pólo Norte, ele nunca tem mais de 5 m de espessura.

Deslocamento das costas

Pensando a longo prazo, os níveis atuais dos mares já estão altos. Os corais ancestrais da Nova Guiné mostram que, no último período interglacial, há cerca de 130.000 anos, o nível do mar estava 6 m acima da posição atual, mas há cerca de 18.000 anos, no auge da última era glacial, o nível do mar estava 130 m abaixo do que está hoje.

VIDA NUM MUNDO EM AQUECIMENTO

*** Para algumas renas da tundra ártica, um aumento de poucos graus na temperatura não seria mau negócio. Além disso, várias pessoas que moram em lugares frios teriam a chance de receber um calorzinho extra. Infelizmente, em um mundo que se aquece rapidamente, o número de perdedores deve superar o de ganhadores, pois os padrões de alteração climática afetam a distribuição dos seres vivos.**

MUDANÇA CLIMÁTICA NATURAL

Os registros do clima sugerem que a Terra está passando por um rápido aumento de temperatura, nos últimos 10.000 anos. No entanto, essa mudança não é a mais rápida que conhecemos. Estudos de insetos fossilizados mostram que, no fim da última glaciação, há cerca de 13.000 anos, as temperaturas no norte da Europa aumentaram tão rapidamente como vem acontecendo hoje.

LISTA DE BAIXAS

* Ao contrário dos humanos, muitos animais e vegetais têm requisitos específicos para a sobrevivência – ou seja, eles possuem NICHOS ECOLÓGICOS ESTREITOS (páginas 36-37). Os padrões locais de clima estão entre os fatores mais importantes na determinação desses nichos e são justamente aqueles que o aquecimento global mais costuma alterar. Como haverá mais calor armazenado na atmosfera, o clima deve tornar-se mais turbulento nas próximas décadas. As chuvas vão aumentar,

mas as mudanças nas correntes de ar farão com que algumas áreas fiquem mais secas.

★ Os seres vivos estão, constantemente, se adaptando às mudanças e já sobreviveram a enormes variações no clima. No começo da última era glacial, as árvores do hemisfério norte, recuaram à medida que as geleiras avançavam, mas começaram a recuperar sua área com o início do degelo. Mas, sempre que essas alterações ocorrem, existem algumas espécies que não conseguem se adaptar e são extintas. QUANTO MAIS RÁPIDAS SÃO AS ALTERAÇÕES CLIMÁTICAS, MAIOR É A LISTA DE BAIXAS.

SENTINDO CALOR

★ No estágio atual é impossível dizer quais espécies serão prejudicadas pelo aquecimento global, MAS A LISTA DEVE SER LONGA. Algumas serão atingidas diretamente pelo aumento da temperatura, e outras serão afetadas de formas mais sutis. Os ursos polares, por exemplo, fazem a maior parte de suas refeições no inverno, quando perambulam pelo gelo dos mares à procura de focas. Em um mundo mais quente, o gelo será formado mais tarde a cada ano, deixando-os sem alimento no fim do verão.

★ Para a vida animal e vegetal como um todo, é provável que o aquecimento global signifique uma queda vertiginosa na diversidade, somada àquela que já está em andamento.

Pisando no gás

Como as plantas precisam de dióxido de carbono para realizar a fotossíntese, pode-se concluir que o aumento dos níveis desse gás aceleraria o crescimento dos vegetais. Em teoria, isso seria um dos benefícios do aquecimento global pois incrementaria a produtividade das plantações. Porém, em um mundo mais aquecido, as perspectivas gerais da agricultura não estão bem claras. Algumas das regiões agrícolas mais produtivas do mundo – como o meio-oeste norte-americano – poderiam ser afetadas de forma negativa pela seca, que reduziria bastante as colheitas.

os ursos polares passariam fome se o gelo do mar onde caçam se formasse mais tarde

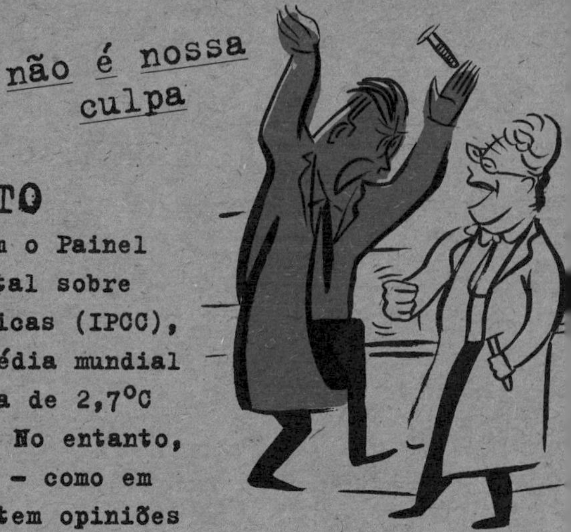

CONTRA O AQUECIMENTO

★ De acordo com o Painel Intergovernamental sobre Mudanças Climáticas (IPCC), a temperatura média mundial pode subir cerca de 2,7°C até o ano 2100. No entanto, em climatologia – como em economia – existem opiniões divergentes sobre a importância de cada tendência. Uma pequena mas barulhenta minoria de climatólogos questiona a idéia de que o aquecimento global já esteja acontecendo, enquanto outros afirmam que está – mas não por "nossa culpa".

Futuros congelados

Os críticos da idéia do aquecimento global não precisam ir longe para encontrar a última vez em que os dados sobre o clima provocaram um pavor científico. Nos anos 40, as temperaturas globais chegaram ao seu pico depois de subir 0,5°C em cerca de 60 anos. Ao atingir esse patamar, elas caíram novamente – uma tendência mantida nos 25 anos seguintes. Na década de 60, pouco antes da situação se inverter, muitos climatólogos acreditavam que outra Idade do Gelo estava por vir. Alguns ainda pensam assim.

NÃO É FÁCIL

★ Muitas dessas diferenças de opinião são causadas porque os registros sobre o clima da Terra são difíceis de serem analisados. Usando um jargão da época do surgimento do rádio, o registro consiste em dois tipos de dados. Um é o "sinal", ou a parte que contém informações significativas. O outro é o "ruído" – variações aleatórias que prejudicam o sinal, às vezes encobrindo-o completamente.

a climatologia é uma ciência complicada

★ No caso das alterações climáticas, SEPARAR O SINAL DO RUÍDO É MUITO DIFÍCIL, e quanto menor for o período a ser examinado, mais difícil será. Um período de aquecimento de cinco a dez anos pode parecer muito significativo quando está acontecendo, mas a longo prazo é ESTATISTICAMENTE INSIGNIFICANTE. Os críticos do efeito estufa explicam que, em uma única década, pode parecer que a Terra está se aquecendo mas, no século que inclui essa década, o processo pode ser de resfriamento.

nós somos os culpados pelo aquecimento da Terra?

QUAL É A CAUSA?

★ A segunda linha de ataque dos inimigos do efeito estufa está centrada na ligação entre os aumentos dos níveis de dióxido de carbono e das temperaturas globais. Hoje, o consenso sobre o efeito estufa admite que um causa o outro, mas existe sempre a possibilidade de que a ligação seja uma simples coincidência estatística. Se for verdade, o que estaria causando o aumento das temperaturas?

★ Em primeiro lugar na lista estão as variações de liberação de energia do Sol. Sabe-se que elas ocorrem e poderiam ser responsáveis pela alteração climática em várias escalas diferentes de tempo. No entanto, as evidências ainda não são conclusivas. Segundo a maioria dos climatólogos, as suspeitas principais da causa do aquecimento global recaem sobre a raça humana.

OS MODELOS

Ao contrário de muitos fenômenos naturais, o clima geral do mundo não é algo que possa ser testado em laboratório. A única forma de medir o impacto das alterações atmosféricas provocadas pelo homem é construindo modelos computadorizados – simulações eletrônicas destinadas a representar a realidade tão fielmente quanto possível. Os críticos do efeito estufa acreditam que a maior parte desses modelos são furados, pois precisam ser ajustados constantemente.

CAPÍTULO 6

A TERRA DIVIDIDA

★ O aquecimento global não é a única questão ambiental a gerar opiniões extremamente diferentes. Desde a década de 60, quando Paul Ehrlich escreveu *The Population Bomb*, a maioria dos ambientalistas adotou a visão de que a superpopulação da Terra é uma ameaça, e a pressão populacional é a base de todos os problemas ecológicos do planeta. Embora seja óbvia para alguns, essa visão é muito criticada por outros.

COTAS INJUSTAS

★ Em 1968 – mesmo ano da publicação do livro de **Paul Ehrlich** –, outro biólogo norte-americano, **Garrett Hardin**, publicou um ensaio chamado *The Tragedy of the Commons* (A tragédia da comunidade). Usando a histór imaginária de um pedaço de terra de propriedade coletiva, dedicado à pastagem, ele examina o conflito de ***interesses pessoais a long e curto prazos***.

★ Segundo Hardin, a longo prazo, parece claro que todos os proprietários da terra coletiva serão beneficiados se a pastagem for mantida em bom estado, o que significa limitar o número de animais que fazem uso dela. Mas, curto prazo, a situação é bem diferente. Quer

Única conexão

Entre os motivos da fama de **Garrett Hardin**, está a formulação da "*Primeira Lei da Ecologia*": em questões que envolvem o meio ambiente, qualquer atitude, mesmo de forma inadvertida, provoca acontecimentos em cadeia. Alguns resultados não-intencionais ocorrem quase imediatamente e são, portanto, fáceis de serem identificados. Outros – como o impacto da queima dos combustíveis fósseis – pode levar gerações até serem revelados.

todos os proprietários da terra coletiva saem ganhando com a manutenção da pastagem em boas condições

em maior número de animais obtém nelhores resultados e, na luta para não ser ıltrapassado, acaba desrespeitando o imite ideal de uso da pastagem.

NCOLHER PARA VIABILIZAR

★ De uma perspectiva histórica, a parábola :cológica de Hardin criou polêmica porque, ıos locais onde existem terras coletivas, o seu ıso geralmente é controlado por leis. Mas a ıoção de recursos coletivos – e os resultados ıegativos da luta para explorá-los – tem uma 'elação direta com os problemas ambientais ıtuais. Isso explica porque, após três décadas, ı influência da *Tragédia* de Hardin permanece. Em vez de lotes de terra, os recursos coletivos la atualidade incluem o solo, os oceanos e a ıtmosfera. Eles são propriedades "comuns" e, :m muitos casos, somente ações internacio-ıais podem pôr fim à exploração a curto prazo, responsável por prejuízos futuros.

★ Então, QUANDO É QUE A SUPER-EXPLORAÇÃO COMEÇA? A resposta está claramente relaciona-la ao número de pessoas que explora os ecursos. Mas a polêmica é grande. Alguns specialistas em populações estabeleceram o ıúmero ideal em cerca de um bilhão –) nível de dois séculos atrás – mas Hardin acha que mesmo esse número é nuito alto. Ele sugeriu que a ***exploração ustentável dos recursos da Terra só pode ser alcançada com uma popu-ação menor que 100 milhões – um sexto do tamanho atual***.

PROPOSTA RADICAL

Para alguns ecólogos "radicais", mesmo se reduzida a um sexto do que é hoje, a população mundial ainda seria muito grande. Os seguidores dessa crença ultra-radical acreditam que a biosfera estaria muito melhor sem a nossa presença – talvez dando oportunidade ao surgimento de uma forma de vida mais inteligente.

ele não pode entrar

existe um limite para o número de pessoas que podem se beneficiar de um recurso

a pílula

TEM LUGAR PARA MAIS UM?

*** Comparado ao aquecimento global ou à poluição da água, o crescimento populacional é assunto altamente passional. Quase todos os ambientalistas acreditam que o crescimento da população deve ser controlado - visão compartilhada por instituições como a Fundação das Nações Unidas para a População. No entanto, essa idéia causa indignação e hostilidade entre os que acham que estamos longe da superpopulação e que as pessoas devem ter o direito de escolher quantos filhos vão ter.**

Johnny, você vai ganhar um irmãozinho

FESTA ADIADA

Em outubro de 1998, a Fundação das Nações Unidas para a População divulgou estimativas de que a população mundial chegaria a 6 bilhões de habitantes até 12 de outubro de 1999 – seis meses depois do previsto anteriormente. O motivo da prorrogação é uma contínua queda no tamanho das famílias, provocada principalmente pelo progresso da educação e pelo planejamento familiar.

ESCASSEZ DE NASCIMENTOS

* Nos últimos 50 anos, o progresso dos métodos de controle da natalidade teve um impacto importante no crescimento populacional das nações desenvolvidas. Em muitos países europeus, o crescimento populacional foi revertido. No Japão e na Coréia do Sul, espera-se uma queda no número de habitantes no próximo século. De todos os países industriais do mundo, SÓ OS ESTADOS UNIDOS PARECEM NADAR CONTRA A CORRENTE. Estima-se que sua população passará de 270 milhões para cerca de 390 milhões em 2050.

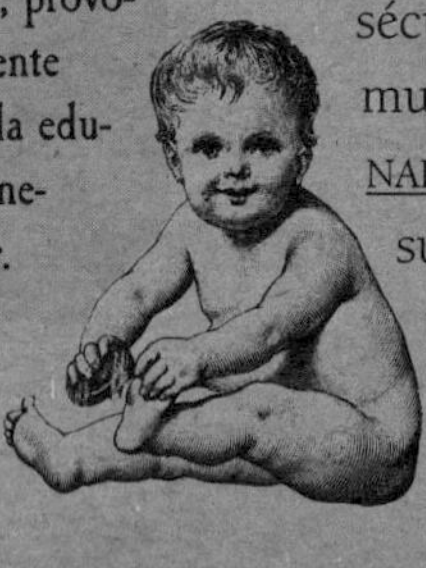

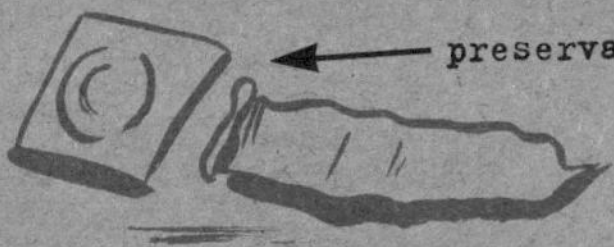
preservativos

algumas pessoas argumentam que a África precisa de mais habitantes, não menos

★ Cerca de 50% das mulheres do mundo estão usando métodos anticoncepcionais mas, por motivos religiosos e culturais, o controle da natalidade ainda é motivo de discórdias. No rancoroso debate sobre esse tema, os ambientalistas são freqüentemente acusados de espalhar mitos e desinformação sobre os perigos do crescimento humano.

FAMÍLIAS FELIZES

★ Dois desses "mitos", de acordo com os inimigos do controle da natalidade, são que os recursos naturais do mundo estão se esgotando e que logo haverá falta de alimentos. Como provas, eles apresentam o trabalho de Julian Simon e outros economistas "cornucopianos" (páginas 106-107 e 110-111), que defendem que os recursos e os alimentos são ilimitados. Um terceiro "mito" é que a superpopulação já está causando problemas ambientais. Nesse caso, as provas vêm de estudos históricos sobre o uso da terra, como o realizado no distrito de Machakos, no Quênia. ***Em Machakos, os pesquisadores descobriram que a cobertura das árvores e as terras cultivadas aumentaram nos últimos 60 anos, embora a população tenha aumentado em 5 vezes.***

★ Para os opositores do controle da reprodução, evidências como essas confirmam que a população não é um problema. Essa posição é o extremo oposto da que a maioria dos ambientalistas defende, criando UM ABISMO DIFÍCIL DE SER TRANSPOSTO.

Reivindicação: mais nascimentos

A África geralmente é apontada como exemplo didático do que acontece quando a população humana cresce muito rapidamente, pressionando os recursos. Mas os inimigos da tese da superpopulação argumentam que os problemas da África são causados pela escassez de habitantes, e não pelo excesso. Segundo essa teoria polêmica, à medida que o continente africano for se tornando mais densamente povoado, os serviços e as comunicações vão progredir, aumentando o padrão de vida geral.

Vinda do Alasca

Em vez de conservar sua própria água, os californianos poderiam pedir água "emprestada" ao Alasca. Segundo esse plano, um aqueduto submarino serpentearia pela costa oeste dos Estados Unidos até sair na Califórnia. Por trás desse plano, está a idéia de que a água do Alasca é jogada "fora" – uma visão com a qual nem todos os alasquianos concordariam.

TECNOLOGIA REDENTORA

*** Em todos os melhores filmes sobre desastres, o herói ou heroína usa a ingenuidade para sair de uma situação limite. Familiar na ficção, esse cenário também tem seus adeptos na vida real, quando grandes esquemas são bolados para curar os males ambientais do planeta. Conhecidos como "correções tecnológicas", esses esquemas são caracterizados pelo arrojo cinematográfico e pela disposição em interferir nos ecossistemas globais em larga escala.**

REFLETINDO A LUZ DO SOL

* Um exemplo típico de correção tecnológica é a idéia, há muito difundida, de usar espelhos gigantes para refletir luz solar extra para a Terra. Essa luz adicional seria usada para aumentar o crescimento das plantas, e produzir mais alimentos. Poderia também aquecer áreas que atualmente passam por longos invernos, tornando-as mais habitáveis para os seres humanos e abrindo vastas regiões agrícolas. O PROBLEMA DA FOME SERIA RESOLVIDO EM DOIS TEMPOS.

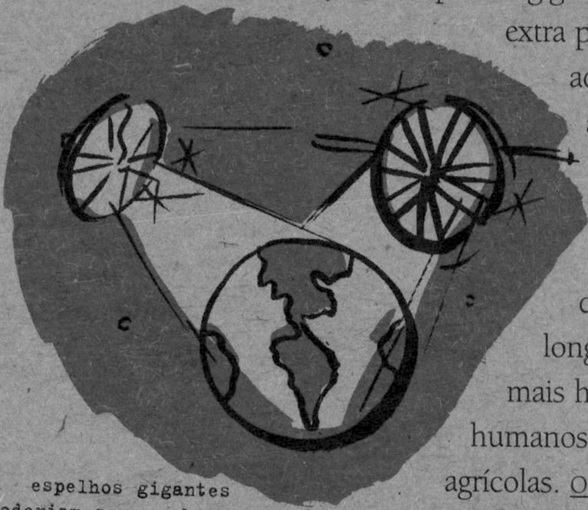

espelhos gigantes poderiam ser usados para aquecer as partes geladas da terra os espelhos andam realmente trabalhando bem

* Essa idéia parece excitante e prática. No entanto, existe um problema. Como muitas outras correções tecnológicas, ela é um exercício de engenharia: o mecanismo pode funcionar muito bem, MAS NÃO É POSSÍVEL PROGRAMAR SUAS CONSEQÜÊNCIAS ECOLÓGICAS.

PRÁTICA GLOBAL

* O que aconteceria se esse projeto fosse concretizado? A curto prazo, a luz extra certamente aumentaria o crescimento dos vegetais. Mas a importação de luz do espaço também iria ALTERAR O EQUILÍBRIO ENERGÉTICO DA TERRA, aumentando a quantidade de calor recebida, e, portanto, elevando a temperatura média do planeta. Os sistemas climáticos seriam perturbados pela energia extra, o mesmo acontecendo com os ciclos de reprodução de muitos animais de altas latitudes. ***A perturbação ambiental causada pelo projeto poderia anular seus benefícios***.

* Os espelhos espaciais são apenas um entre vários projetos já sugeridos. Outros incluem métodos para desviar os rios russos do Ártico e da Ásia Central para o sul, e um plano para reduzir o aquecimento global por meio da "fertilização" dos oceanos, fazendo com que eles absorvam mais dióxido de carbono. Todos esses projetos podem parecer bons no papel, mas ninguém pode prever com segurança seus verdadeiros efeitos.

FERTILIZANDO

Nos oceanos abertos, baixos níveis de minerais são sinônimo de pouco plâncton vegetal. Em recente projeto de correção tecnológica, as águas da superfície seriam artificialmente fertilizadas com minerais, para que o plâncton pudesse crescer. O plâncton extra removeria o dióxido de carbono do ar, ajudando a reduzir o aquecimento global. Mas, como os barcos precisam de combustível, na verdade esse plano iria gerar dióxido de carbono, pois seria necessário extrair mais minerais para abastecer os barcos. Esses problemas tornam difícil avaliar o projeto.

ABORDAGEM APROPRIADA

★ As desvantagens das grandes correções tecnológicas não impedem que a tecnologia seja usada para resolver problemas ambientais. A história recente mostrou que nos países desenvolvidos e em desenvolvimento o progresso pode produzir resultados rápidos e benéficos.

vamos revesti-lo com tijolos ou cerâmica

pequenos progressos podem gerar grandes resultados

Evolução e filtros vivos

Os vegetais usados nos tanques de esgotos imitam o processo de purificação natural que acontece quando a água flui em um pântano. Depois de passar pelo filtro, o efluente é conduzido para uma série de tanques a céu aberto, cheios de juncos e outras plantas d'água. Essas plantas absorvem o poluente tóxico existente na água, enquanto as bactérias quebram as substâncias orgânicas. Quando sai dos tanques, a água está pura o suficiente para ser jogada em um rio ou riacho.

CHAMA CONCENTRADA

★ Um exemplo clássico de avanço tecnológico é o fogão a lenha – uma tecnologia vital para grande parte da população humana. Os fogões tradicionais eram altamente ineficientes. Em um fogo aberto, menos de 10% do calor fica cozinhando os alimentos, mas na maior parte dos fogões, esse número sobe para 20%. Como o fogão perde quatro quintos da energia que produz, essa quantidade é, na verdade, desperdiçada.

um fogão bem revestido aproveita a maior parte da energia que produz

fogos abertos são fogões ineficazes

* Na África e em certos lugares da Ásia, fogões como esses foram usados durante séculos. Recentemente, o rápido crescimento populacional significou uma disparada na demanda por lenha. A crescente escassez de combustível provocou uma avaliação na forma como os fogões eram construídos. Adicionando um revestimento de tijolo ou cerâmica, a EFICIÊNCIA DO FOGÃO PODE SER DUPLICADA. Como a temperatura do fogo é mais alta, pode-se usar uma grande variedade de combustíveis. A demanda por madeira, assim, é reduzida, permitindo a recuperação das florestas.

MAIS SIMPLES, MELHOR

* Esse tipo de solução de engenharia simples é um exemplo de TECNOLOGIA APROPRIADA – a que é pensada para resolver problemas de forma simples. No mundo industrializado, a tecnologia apropriada pode ser importante para a geração de energia e tratamento do lixo. Por exemplo, os "tanques" cheios de plantas dos esgotos, que usam os vegetais aquáticos para limpar o efluente, usam menos terra e energia que seus companheiros e produzem água mais limpa no final do processo.

* A tecnologia apropriada pode não ter tanto charme como colocar espelhos no espaço ou rearranjar o fornecimento de água do planeta mas, por sua simplicidade, é fácil de ser colocada em prática e PROVOCA MENOS RISCOS DE EFEITOS INDESEJADOS.

BELO CONCEITO

A idéia de tecnologia apropriada ou intermediária foi lançada pelo economista **Fritz Schumacher**, nascido na Alemanha. Ele escreveu o *best seller* *Small is Beautiful* (O pequeno é bonito), em 1973, e fundou o Grupo de Desenvolvimento de Tecnologia Intermediária, organização especializada em projetar máquinas em pequena escala e conceber métodos de produção a serem usados nos países em desenvolvimento.

ENERGIA SEM POLUIÇÃO

✱ Desde que a eletricidade deu fim à era do gás, pouco mais de 100 anos atrás, a geração de energia foi se tornando cada vez mais centralizada, complexa e poluente. Para o futuro, existe uma tendência de reversão desse quadro, com as fontes de energia tornando-se menores, mais limpas e mais diversificadas.

Energia das galinhas

A energia da biomassa nem sempre vem diretamente das plantas. Os dejetos dos animais, como o estrume das galinhas, podem ser queimados para gerar energia e também produzir metano, gás combustível de queima limpa. Em partes do mundo desenvolvido, o estrume do gado é importante substituto para a madeira. Quando fica seco, ele queima bem – e não precisa ser serrado.

FAZENDO A TROCA

✱ Poucos duvidam de que os métodos em larga escala usados hoje, para geração de energia, deixam a desejar em relação ao meio ambiente. Ou contribuem para o aquecimento global ou incluem substâncias que emitem níveis perigosos de radiação. Mas como dependemos tanto deles, é certa sua presença entre nós por muitos anos. No entanto, à medida que uma série de fontes menos poluentes aparece, seu monopólio começa a rui

✱ A energia limpa – ou quase limpa – às vezes é chamada de "RENOVÁVEL". Estritamente falando, energia renovável não existe, pois a energia usada não pode ser reunida novamente e reciclada. O que pode ser renovado com freqüência são as fontes de energia, graças à constante reposição recebida do Sol.

QUEIMANDO BIOMASSA

★ Um desses recursos renováveis é a BIOMASSA, o que, na linguagem corrente, significa os combustíveis gerados a partir de plantas, como a madeira ou o álcool da cana-de-açúcar. Ao contrário dos combustíveis fósseis, eles não aumentam os níveis de dióxido de carbono quando são queimados, desde que os vegetais utilizados sejam substituídos – algo que nem sempre acontece. ★ ***Nas áreas rurais dos países em desenvolvimento, a biomassa geralmente é a única fonte de energia disponível***, mas em escala global, seu papel é mais limitado. E parece que vai continuar assim. Isso acontece porque existem muitas desvantagens em queimar a biomassa. ***É um processo ineficiente, pois muita energia é perdida, e pode causar problemas ambientais sérios quando o combustível é coletado na natureza***. Onde o combustível é especialmente cultivado, ele ocupa uma grande área de terra que poderia ser utilizada para produzir alimentos.

CANDIDATOS

★ Por isso muitos ambientalistas duvidam que os combustíveis da biomassa sejam uma forma viável de substituição do carvão, óleo ou gás. Em vez deles, os primeiros colocados como alternativas não-poluentes de energia seriam o vento e as ondas e – mais promissor de todos – o Sol. ***Ao contrário dos combustíveis convencionais, eles passam longe da queima de carbono, eliminando os problemas que isso causa***.

hic...

o álcool pode ser usado como combustível para automóveis, e também para as pessoas

ENCHA O TANQUE

Hoje, o Brasil é o líder mundial no uso de etanol (álcool etílico) como combustível para automóveis, produzindo cerca de quatro bilhões de galões (15 bilhões de litros) por ano. O etanol é produzido pela fermentação do açúcar das plantas – processo descoberto há muito tempo, quando as pessoas aprenderam a produzir bebidas alcoólicas.

PALAVRA-CHAVE

COMBUSTÍVEL DA BIOMASSA: qualquer combustível constituído de matéria orgânica coletada ou de substâncias derivadas dela. Os combustíveis da biomassa incluem a madeira, a palha, o estrume e o etanol.

moinho de vento

Mudança de direção

Os primeiros moinhos de vento do mundo foram construídos na Pérsia, cerca de 1.300 anos atrás. Eles possuíam pás de tecido que giravam sobre um eixo vertical. Após as cruzadas, quando os moinhos se espalharam pela Europa, os eixos horizontais já haviam sido aperfeiçoados com dispositivos que viravam as pás de acordo com a direção do vento. Apesar de muitos experimentos com pás verticais, a versão horizontal parece ser mais eficiente.

TRABALHANDO COM O VENTO

*** Até a Revolução Industrial, o vento e a água corrente eram as principais fontes de energia mecânica. Os dispositivos usados para aproveitá-los eram surpreendentemente sofisticados, embora a maioria fosse bastante ineficiente. Três séculos mais tarde, em razão do aumento dos problemas causados pelos combustíveis fósseis, essas fontes renováveis de energia estão voltando à cena.**

DE GRAÇA

sem ve
não d
pra ir
lugar
nenhum

* O vento pode até ser de graça, mas fazê-lo trabalhar não é fácil. O problema principal é a dificuldade em prever sua velocidade e direção. Para ser eficiente, um moinho ou turbina vento deve receber o vento de frente suas pás precisam ser leves o basta te para girar empurradas pela bri e fortes o suficiente para suport uma ventania sem se quebrar.

a energia das ondas pode ser dominada

* *Os tradicionais moinhos de madeira usavam uma série de truques engenhosos para resolver esses problemas, desde engrenage que giravam automaticamente pás na direção do vento até pás de tiras de madeira,*

como venezianas, que se abriam para deixar passar o vento muito forte. Hoje, as turbinas a vento alcançam o mesmo resultado por meio de sistemas de controle computadorizados. Com pás de até 30 m de comprimento, elas começam a competir com os combustíveis fósseis, representando uma forma viável de produção de energia.

fazendas de vento usam computadores para manter as pás na direção do vento

★ Em 1980, o total de energia gerado pela força do vento era menor que 100 megawatts – o suficiente para abastecer uma pequena cidade. Daí para frente, esse total cresceu numa curva exponencial, e espera-se que alcance um valor 1.000 vezes maior nos primeiros anos do século XXI.

A NOVA FORÇA DO AR

★ ***Mas a força do vento tem alguns inconvenientes. As enormes turbinas não são bonitas e podem ser mortais para os pássaros***. Por outro lado, suas credenciais ambientais são excelentes. Em teoria, o mesmo é verdadeiro para os geradores movidos a ondas, mas, nesse caso, tem sido difícil superar os problemas técnicos. Comparadas com o vento, as ondas são um osso duro de roer: muitos geradores experimentais ficavam arruinados poucas semanas depois de terem sido rebocados até o mar.

★ ***Até agora, a força do vento gera uma fração insignificante da energia usada no mundo, e a força das ondas não gera quase nada***. Alguns especialistas acreditam que, com mais pesquisas e investimentos, a participação dessa energia no consumo global chegará a 20%, reduzindo as emissões de dióxido de carbono em mais de um bilhão de toneladas por ano.

PEQUENAS E BOAS

Embora muitas represas gigantes recebam cartão vermelho por prejudicar o meio ambiente, hidrelétricas de pequeno porte poderiam desempenhar papel importante no atendimento das necessidades de energia do mundo do futuro. Especialmente nos países desenvolvidos, milhares de pequenas represas já existentes poderiam produzir energia em pequena escala, atendendo a necessidades locais sem causar sérios prejuízos ao meio ambiente.

NADA COMO O SOL

*** Pode até ser eficaz, mas a energia obtida do vento ou das ondas ainda vem de forma indireta. Do ponto de vista ecológico e ambiental, faz mais sentido ir logo ao topo da cadeia e retirar a energia diretamente da fonte: o Sol.**

o Sol é a principal fonte de energia

A terra do Sol

As células solares são feitas de finíssimas pastilhas de um semicondutor – geralmente, o silício. Sob a luz do sol, uma célula típica produz uma corrente bem pequena, mas as células podem ser unidas como baterias para aumentar a captação de energia. Uma das maiores centrais de energia fotovoltaica do mundo, nas Planícies de Carrisa, Califórnia, gera cerca de 7.500 quilowatts de eletricidade. Em um dia ensolarado, essa captação de energia é quase a mesma de 50 motores de carros correndo a toda velocidade.

IDÉIA BRILHANTE

* Até meados da década de 50, a forma de produzir eletricidade do sol era usá-lo para alimentar turbinas movidas a vapor – a mesma tecnologia usada para gerar eletricidade através dos combustíveis fósseis. Algumas centrais de energia solar ainda funcionam dessa forma, mas a invenção da CÉLULA FOTOVOLTAICA, em 1954, criou uma forma alternativa para transformar a luz do sol em eletricidade. A vantagem é que – ao contrário das centrais de energia térmica – as células fotovoltaicas funcionam em qualquer escala. Uma única célula do tamanho de um selo postal produz eletricidade de forma tão eficiente quanto uma série de células do tamanho de um campo de futebol.

* Depois de quarenta anos de pesquisas, a tecnologia fotovoltaica ainda tem muito chão a percorrer, mas a eficiência das células solares está em constante aperfeiçoamento. ***Ao mesmo tempo, o custo de sua produção está baixando***. A eletricidade fotovoltaica ainda é cerca de cinco vezes mais cara que a eletricidade dos combustíveis fósseis, mas a DIFERENÇA ESTÁ DIMINUINDO.

QUEIMA LIMPA

* Um dos problemas da energia fotovoltaica é a dificuldade de seu armazenamento. Uma bateria de carro típica contém apenas 4% da energia existente no mesmo peso de petróleo. Como a maior parte da energia que usamos é direcionada para movimentar coisas, qualquer sistema de energia sustentável que gere pouca poluição deve incluir um combustível de queima limpa, facilmente transportável.

* No futuro, É QUASE CERTO QUE ESSE COMBUSTÍVEL SERÁ O HIDROGÊNIO, o mais leve dos elementos. O hidrogênio pode ser produzido pela separação das moléculas da água através da eletricidade. Quando o gás é queimado, o processo é revertido, liberando água como único refugo. ***Ao contrário dos combustíveis à base de carbono, o hidrogênio não causa impacto no efeito estufa e, com tanta água no planeta, não corre o risco de se esgotar***.

ELETRICIDADE

A eletricidade pode ser usada para produzir hidrogênio, mas o processo funciona também no caminho contrário. Em uma célula de combustível, o hidrogênio e o oxigênio são bombeados para cilindros de carbono vazios, imersos em um líquido condutor. O hidrogênio e o oxigênio se combinam para produzir água, gerando eletricidade. Ao contrário da bateria convencional, uma célula de combustível dura enquanto for abastecida com combustível.

o hidrogênio da água é o combustível do futuro

os carros são
a fonte principal
de poluição nos EUA

MÁQUINAS SAUDÁVEIS

★ Quando o uso de recursos causa problemas ambientais, existem duas formas de resolver a situação. O método tradicional – praticado durante quase todo o século XX – ataca o problema depois que ele já surgiu. É um método caro, difícil de ser organizado e, com freqüência, ineficaz. Uma alternativa mais recente concentra-se nas causas do problema e procura minimizar os danos ou evitá-los.

Mais por menos

Uma forma de medir a eficiência da energia é calcular a proporção entre a quantidade utilizada em um país e seu rendimento, ou PNB. Essa proporção é conhecida como "intensidade de energia". A intensidade de energia nos Estados Unidos é quase três vezes superior à do Japão, mostrando que a indústria japonesa precisa apenas da terça parte da energia norte-americana para gerar o mesmo nível de rendimento.

O DEVORADOR

★ *Esse método de melhoria ambiental registrou alguns sucessos recentes pouco divulgados. Um dos exemplos está relacionado aos carros.* Até a "crise" do petróleo, em 1970, o carro norte-americano médio fazia menos de 1 milhas por galão de gasolina. O apelido "devorador de gasolina" era bem merecido. Desde o anos 70, o número de carros nos EUA subiu mais que o dobro, mas a eficiência do combus tível também aumentou. Hoje, um carro norte-americano médio faz o dobro d distância percorrida há 30 anos com o mesmo galão. Conseqüentemente, a QUANTIDADE DE GÁS DESCAR-

REGADO POR QUILÔMETRO CAIU PELA METADE.

★ *Esse aumento na eficiên-
cia não impediu que os carros se tornassem a
›rincipal fonte de poluição da América e de
›utras partes do globo. No entanto, se nada
ivesse mudado, os danos causados pelos
ıutomóveis seriam ainda maiores.*

LIMITAR PREJUÍZOS

★ A vantagem de usar os recursos de forma
·ficiente não é apenas a redução da poluição;
;eralmente, ela é também econômica. As pes-
ıuisas mostram que construir novas centrais de
›rodução de energia nem sempre é a forma
nenos dispendiosa de atender ao crescimento
la demanda. Pode ser MAIS BARATO INVESTIR EM
ΛEIOS QUE REDUZAM O DESPERDÍCIO o que, por
ua vez, libera mais energia para o trabalho útil.
Λaior eficiência, torna possível a economia em
natéria-prima e água utilizadas nas casas e
azendas. Novos sistemas de irrigação enge-
ıhosos que funcionam à noite, quando
evaporação da água é menor, podem
eduzir em até 75% a quantidade de
gua necessária para as plantações.

★ Mas existe um problema. O aumento
la eficiência só reduz os impactos
mbientais quando o consumo geral
›ermanece mais ou menos estável.
*e o consumo aumenta – como está
contecendo hoje – a eficiência
penas impede que as conse-
üências sejam ainda piores.*

O BENEFÍCIO DA IDADE

Quanto maior é o tempo de existência de uma tecnologia, mais eficiente ela vai ficando. As lâmpadas existem há mais de 100 anos e, hoje, são 50 vezes mais eficientes do que já foram. Os computadores pessoais são relativamente novos – e desperdiçam a maior parte da energia que usam.

regar as plantas durante a noite diminui as perdas, pois menor quantidade de água é evaporada

RECICLANDO

★ A reciclagem do lixo é o máximo que algumas pessoas fazem para melhorar o meio ambiente. Esse processo diminui o lixo, é simples e fácil de ser realizado e faz a pessoa se sentir bem. Mas qual é o verdadeiro resultado da reciclagem? A resposta depende da flutuação dos níveis de oferta e demanda e do tempo de vida dos produtos reciclados.

reciclar o lixo é uma boa forma de participar

Equívocos

"Etiquetas ecológicas" nem sempre são corretas. Muitos produtos trazem símbolos mostrando que são feitos de material "reciclável", mas isso não explica como eles são feitos. Alguns não contêm nenhum material reciclável.

o que esse símbolo significa?

etiquetas ecológicas

RETORNÁVEL

★ *A reciclagem é um processo que reduz um produto a suas matérias-primas originais, para que elas possam ser usadas novamente*. É muito mais eficaz quando os benefícios financeiros são óbvios, fazendo com que os FABRICANTES TENHAM INTERESSE no seu funcionamento.

★ Com alguns produtos do nosso dia-a-dia, a economia é grande. Por exemplo, gasta-se dez vezes mais energia para produzir um quilograma de alumínio do mineral bruto do que utilizando um quilograma de alumínio reciclado – embora o alumínio seja um dos recursos mais abundantes na Terra. No caso do aço e do vidro, a eco-

60% do papel
usado na Inglaterra
são reciclados

ıomia de energia é menor, mas ainda 'ale a pena.

* No caso do plástico e do papel – dois dos :omponentes mais abundantes no lixo domés- ico – o cálculo econômico é mais complexo. Ioje, o custo da reciclagem desses materiais :ostuma ser mais alto que o le produzi-los pela pri- neira vez, e assim uma ;rande parte desse lixo ıinda é jogada fora.

ЭHUTE INICIAL

* A maioria dos ambientalistas acredita que a eciclagem é uma ferramenta essencial na ampanha de redução de nosso impacto global : que OS HÁBITOS DE RECICLAGEM DEVERIAM SER NCORAJADOS, apesar dos freqüentes altos e aixos do mercado de reciclados. Segundo sse argumento, se parte significativa da popu- ıção estiver comprometida com a reciclagem, reaproveitamento do lixo se desenvolverá de ɔrma automática. Em relação ao apel-jornal, parece que isso está contecendo. Depois de vários anos le estagnação, os preços do lixo lesse tipo de papel subiu a ponto de ıstificar sua coleta.

* Os plásticos são mais difíceis de reciclar orque cada tipo precisa ser tratado eparadamente. A produção de plástico eciclado tem aumentado, mas, em muitos aíses industrializados, existe apenas uma hance em cinqüenta de reciclagem dos rodutos plásticos.

Vida limitada

O vidro e os metais são ideais para reciclagem porque podem ser fundidos e reutilizados um número ilimitado de vezes. O papel e o papelão possuem um período de vida menor. A cada vez que são reciclados, suas fibras diminuem, reduzindo sua força original. Em teoria, muitos plásticos podem ser reutilizados indefinidamente mas, na prática, é difícil manter a qualidade. Mesmo separados com cuidado, tipos de plásticos diferentes costumam ser misturados, reduzindo seu potencial geral de reutilização.

reciclável

contabilidade criativa

CONTABILIDADE CRIATIVA

★ No passado, os altos e baixos dos preços das mercadorias significavam que a reciclagem nem sempre era rentável. O mesmo acontecia com outras medidas tomadas para proteger o meio ambiente. Muitos ambientalistas argumentam que isso acontece porque a contabilidade tradicional tem uma visão estreita a respeito de custos e ganhos, e não analisa a situação de forma global.

a reciclagem nem sempre é economicamente rentável

Segredo sujo

Taxar os poluentes não é tão simples quanto parece. Por várias décadas, em muitos países europeus, as taxas sobre o petróleo eram mais altas que as taxas do *diesel*, sob a alegação de que os motores a *diesel* são mais econômicos. Mas hoje, descobriram que o *diesel* causa outro tipo de problema: produz microscópicas partículas de fuligem quando é queimado, contribuindo para o aumento da poluição do ar nas cidades.

esqueceram da taxa adicional de poluição

CUSTOS E BENEFÍCIOS

★ Os aspectos econômicos da reciclagem de plástico e papel mostram como esse tipo de contabilidade funciona. Quando o preço de fabricação do papel ou plástico é calculado, OS CUSTOS AMBIENTAIS GERALMENTE SÃO IGNORADOS. Ninguém computa os efeitos do desmatamento, nem o impacto da liberação de produtos químicos poluentes pela indústria do plástico. No outro lado da equação, os benefícios potenciais também são ignorados. Na visão do produtor, tanto faz se um produto contribui muito ou pouco para o lixo doméstico.

quanto mais lixo você produz, mais você paga

Quando todos esses custos e ganhos ambientais são incluídos nos cálculos, os resultados costumam mudar. Uma coisa feita de material reciclado ganha pontos nas duas pontas do processo, pois reduz a poluição e o lixo. Se essas vantagens se refletissem no custo do produto, o baixo impacto ambiental poderia garantir seu sucesso.

FAZENDO AS CONTAS

A prática de estabelecer o custo ambiental ainda está engatinhando, mas é provável que se torne mais importante com o passar do tempo. Ela faz parte de um princípio ecológico mais amplo – a idéia de que os POLUIDORES DEVEM PAGAR sua conta. Desde o início da industrialização, a conta do prejuízo ambiental tem sido paga pela sociedade como um todo, mas quando os poluidores forem responsabilizados, é pouco provável que danos similares continuem a acontecer.

Na campanha contra a poluição, grandes empreendimentos geralmente são identificados como os vilões da história. Mas os consumidores comuns também desempenham seu papel, e é nesse ponto que o estabelecimento do custo ambiental pode ter um impacto importante. Muitos países já cobram impostos mais altos dos proprietários de veículos maiores, e, em algumas cidades, estão tentando implantar uma escala progressiva de taxas que reflita o custo do tratamento do lixo. Se a moda do preço pegar, poucos de nós poderão escapar.

A FÚRIA DAS ESTRADAS

A análise de custo-benefício é procedimento comum em economia, mas é relativamente novo no campo da proteção ambiental. Uma das dificuldades de seu uso é que, em geral, as pessoas discordam do valor dos custos e benefícios particulares envolvidos. Novas estradas, por exemplo, costumam prejudicar os hábitats, mas expressar esse prejuízo em valores é muito mais difícil do que estimar o ganho econômico gerado por elas.

é justamente o que eu estava procurando

o lixo de um pode ser a matéria-prima de outros

ECOLOGIA INDUSTRIAL

*** Na indústria - assim com nos ecossistemas naturais - o lixo de um processo pode fornecer matérias-primas para outro processo. Em teoria, isso pode criar as "redes alimentares" industriais, gerando menos poluiçã do que cada processo funcionando em separado. Atualmente, poucas dessas redes alimentares industriais existem de fato, mas elas poderiam ser transformadas em importante forma de reduzir o impacto da vida industrializada.**

VALE A PENA SER LIMPO

Entre 1975 e 1995, a 3M Corporation calculou em mais de 750 milhões de dólares a economia feita com a eliminação da poluição de seus processos industriais – sistema conhecido como "higiene industrial". Grande parte do que foi economizado veio do uso mais eficiente dos recursos.

É SÓ COLABORAR

* O lixo industrial pode não parecer um pon to inicial promissor para uma limpeza ambien tal mas, em circunstâncias adequadas, é isso c que ele é. Na cidade dinamarquesa de Kalundborg, UMA CADEIA ALIMENTAR INDUSTRIAL TEM SID DESENVOLVIDA nos últimos 25 anos, economizando dinheiro e mantendo a poluição em um nível mínimo.

* Kalundborg possui uma central de energ movida a carvão que gera fumaça com enxofre, um poluente nocivo. O enxofr é removido da fumaça, criando o gesso, uma matéria-prima útil. O gesso é usado por uma fábrica

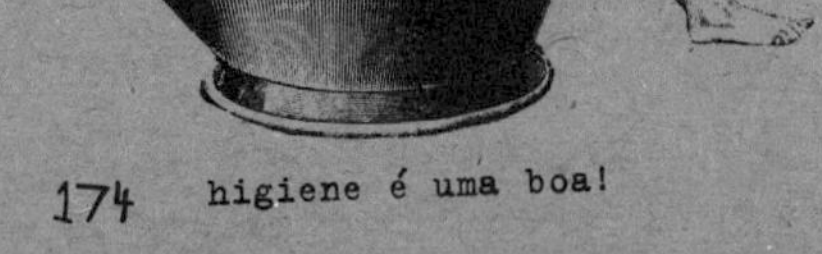

higiene é uma boa!

ɔcal para produção de qúadros de plástico, e o rocesso de secagem do quadro utiliza o gás de ma refinaria de óleo das redondezas – produto ue normalmente é descartado como lixo. O ıprimento de calor da central de energia, que ormalmente seria perdido, é usado em uma ıbrica farmacêutica local e também nas casas da ıdade. O lixo orgânico da fábrica farmacêutica é sado como fertilizante pelas fazendas próximas.

'ECHANDO O CIRCUITO

A rede alimentar industrial de Kalundborg stá longe de ser perfeita porque é mantida pela ıergia produzida a partir de combustíveis ɔsseis. Além disso, ela tem muitas "pontas ɔltas" – partes da rede onde a energia ou ıateriais vão para o lixo. NA ATUREZA, NÃO EXISTEM PONTAS ɔLTAS, razão pela qual o lixo orgâ-ico nunca é acumulado indefini-amente. Para imitar uma rede imentar da natureza, essas pontas ɔltas deverão ser eliminadas. : Em um pequeno local, isso é uase impossível, mas em uma rande área industrial, a rede é ɔmposta de maior número de :spécies", o que torna mais fácil ıcontrar um uso para os produtos do lixo. *randes redes alimentares industriais também ɔssuem outra característica em comum com a ıtureza: se uma das "espécies" é eliminada – equivalente industrial da extinção – existe ma grande probabilidade de que outra venha :upar seu lugar.*

Legislação problemática

De forma paradoxal, leis ambientais severas às vezes tornam mais difícil o funcionamento da ecologia industrial. Por exemplo, o lixo oficialmente classificado como prejudicial muitas vezes não pode ser reutilizado – embora substâncias idênticas possam ser compradas como matéria-prima. Essa legislação "anti-reciclagem" aumenta o total de materiais nocivos em circulação.

lixo nocivo pode se acumular se as proibições legislativas impedem que ele seja reutilizado

cacto do gênero *Opuntia*

ALIADOS NATURAIS

*** Em maio de 1925, uma remessa de pequenas mariposas da América do Sul foi levada de avião para o nordeste da Austrália. Sua missão: deter o avanço do cacto do gênero *Opuntia*, que já havia sufocado 25 milhões de hectares de florestas e terras cultivadas. O sucesso foi total. Em 15 anos, esse tipo de cacto desapareceu por completo.**

as mariposas foram levadas de avião para o nordeste da Austrália

ALIENÍGENA INDESEJADO

O cacto do gênero *Opuntia* foi introduzido na Austrália em algum momento do começo do século XIX. Sua origem era os trópicos americanos – região que também é o lar de seus inimigos naturais, inclusive a mariposa *Cactoblastis cactorum*. As lagartas dessa espécie de mariposa mastigam seu caminho pelos caules do cacto, levando-o à morte.

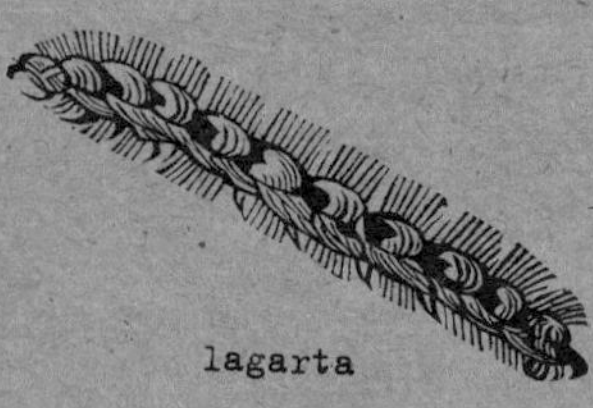

lagarta

ATAQUE DE PRECISÃO

* A campanha do cacto *Opuntia* foi um exemplo do CONTROLE BIOLÓGICO – forma de lidar com ervas daninhas e pragas usando seus inimigos naturais para mantê-los sob controle. Com a invenção dos herbicidas e pesticidas, após a Segunda Guerra, o controle biológico saiu de moda mas, por razões ambientais, ele tem um futuro promissor.

* Suas vantagens são muitas. Ao contrário de herbicidas e pesticidas, as armas vivas usadas pelo controle biológico procuram ativamente seus alvos. E, melhor ainda, elas são muito

precisas: dirigem-se para uma determinada espécie, deixando as outras intocadas. As armas vivas não deixam nenhum resíduo tóxico e, à medida que a população da espécie-alvo diminui, sua população faz o mesmo. No entanto, em muitos casos, elas não desaparecem por completo, fazendo com que o efeito protetor continue. ***As mariposas* Cactoblastis cactorum *da Austrália, embora sejam bastante raras, ainda estão "em serviço", mais de 70 anos após terem sido soltas na região.***

PALAVRA-CHAVE

Feromônio: substância química secretada por um animal e que afeta o comportamento de outro. Muitos feromônios são disseminados pelo ar.

CONTROLE TOTAL

★ O controle biológico também pode funcionar por meio de agentes químicos. Nos últimos anos, os bioquímicos identificaram muitos compostos naturais que atraem pragas de insetos ou interferem na forma como eles se desenvolvem. Muitos deles são FERORMÔNIOS, substâncias também chamadas de atraentes sexuais. Um feromônio pode ser usado como isca para levar os insetos para longe da plantação, onde então são atacados. Os inibidores de desenvolvimento funcionam evitando que uma praga atinja a maturação necessária para se reproduzir.

★ ***Há situações em que o controle biológico sozinho não é eficiente – por exemplo, quando uma plantação é repentinamente assaltada por uma praga.*** Mas, quando ele faz parte de um SISTEMA INTEGRADO DE CONTROLE DA PRAGA, a necessidade de herbicidas e pesticidas é bastante reduzida. ***Essas reduções já começaram a aparecer em muitos países desenvolvidos e nos próximos anos, é provável que esse padrão se espalhe.***

os insetos podem ser atraídos para armadilhas

Insetos Peter Pan

Um método útil de controle biológico foi encontrado por acidente, quando os entomólogos descobriram que o contato com determinado tipo de papel impediria que alguns insetos crescessem. O papel era feito de madeira de abeto balsâmico. As pesquisas mostraram que essas árvore produzem substâncias que imitam os hormônios de crescimento dos insetos, impedindo que eles se tornem adultos.

SALVANDO ESPÉCIES

★ Quando a vaca marinha de Steller foi caçada até a extinção, no fim de 1700, poucas pessoas estavam conscientes de que um dos maiores mamíferos da Terra tinha ido embora para sempre. Hoje, sabemos muito mais sobre os animais ameaçados de extinção, e seus números são monitorados de perto. Desde a década de 50, dezenas de espécies têm sido protegidas pelos programas de preservação. Algumas já estão fora da lista de espécies ameaçadas, embora outras ainda tenham um futuro incerto pela frente.

Cabeça a prêmio

Para alguns animais, a caça ilegal motivada pelo valor de partes do seu corpo é uma ameaça ainda maior que a destruição dos hábitats. O chifre do rinoceronte pode render mais de $25.000 por quilo – preço que ajuda a explicar a catastrófica queda na população de rinocerontes. Os rinocerontes negros africanos, ainda mais atingidos, diminuíram de 100.000, em 1960, para apenas 2.000 atualmente – de longe, a diminuição mais acentuada entre os grandes mamíferos nos últimos anos.

RECUPERAÇÃO EXCEPCIONAL

★ Um dos esforços de conservação mais bem-sucedidos teve início em 1951, quando o ganso canadense, ou néné, nativo do Havaí, chegou a ter uma população de apenas 33 indivíduos. Três pássaros – um macho e duas fêmeas – foram levados para uma reserva na Inglaterra, na esperança de que se reproduzissem. A estratégia funcionou. Cerca de 50 anos mais tarde, os descendentes dos três pássaros são mais de 2.500 – número SUFICIENTE PARA GARANTIR A SEGURANÇA DA ESPÉCIE e também aumentar as reservas na natureza. Os condores da Califórnia – com 27 pássaros em 1980, agora na casa dos 70 – também parece ter virado o jogo, embora,

falcão da Mauritius

condor da Califórnia

até hoje, poucos tenham sobrevivido no ambiente natural. O falcão da Mauritius conseguiu escapar de forma extraordinária. Com ıpenas quatro indivíduos em 1973, ıoje eles são mais de 300.

os pandas gigantes não gostam muito de sexo

ᴐS AMEAÇADOS

★ Infelizmente, nem sempre é ácil ajudar uma espécie ameaçada le extinção. Algumas – como o ›anda gigante – SÃO REPRODUTO-ːES PREGUIÇOSOS e sofreram um ıtaque duplo, pois foram caçados e ɪveram seu hábitat destruído. *Os pandas selva-ɡens de hoje, cujo número está em torno de .000 animais, estão espalhados por mais de ·0 bolsões de florestas de bambu, o que reduz ɪignificativamente suas chances de acasalamen-ɔ. Para piorar a situação, o alimento do panda o bambu – morre depois de florescer, uma ɔrma de suicídio em massa que acontece a in-ɛrvalos regulares de algumas décadas. A última ɛz em que isso aconteceu, em meados de 1970, ıais de 100 pandas morreram de fome.*

★ Para salvar a "MEGAFAUNA CARISMÁTICA" – ɾandes e sedutores animais, como o panda – útil concentrar esforços conservacionistas e ·vantar recursos. Mas, como as organizações ɪnbientais já perceberam, *só isso não é sufi-ente para resolver o problema das espécies ɪmeaçadas: qualquer solução a longo prazo ɾecisa incluir a proteção dos hábitats nos ıais essas espécies vivem.*

NO VERMELHO

Desde a década de 60, a União Internacional de Conservação da Natureza (UICN) publica um conjunto de "Listas Vermelhas" identificando as espécies ameaçadas ou próximas da extinção. Essas listas, que agora englobam mais de 40.000 espécies, ajudam a dirigir o trabalho de conservação onde as espécies estão na iminência de desaparecer.

ela está na lista de plantas ameaçadas da UICN

OPERAÇÃO SALVAMENTO

★ Comparadas com tigres, baleias ou pandas, as plantas ameaçadas raramente aparecem nas manchetes. Mas, de um ângulo estritamente prático, salvá-las pode ser uma das mais importantes tarefas da história do conservacionismo. As plantas contêm um imenso estoque de diversidade genética que não podemos nos dar ao luxo de perder.

mais de 12% das plantas do mundo estão ameaçadas de extinção

Metasequoia glyptostroboides

Fósseis verdes

A história mostra que espécies raras podem passar por uma recuperação extraordinária quando alguém lhes dá uma mãozinha. Uma das árvores mais raras do mundo, a *Metasequoia glyptostroboides*, foi descoberta em uma parte remota da China, em 1944, milhões de anos após a suposta data de sua extinção. Suas sementes foram enviadas a jardins botânicos de todo o mundo e, agora, essa é uma árvore comum em parques e jardins.

COLHENDO OS FRUTOS

★ A Lista Vermelha de Espécies Ameaçadas da UICN, publicada em 1997, estima que mais de 12% DAS PLANTAS DO MU DO ESTÃO AMEAÇADAS DE EXTINÇÃO. Entre elas estão espécies que poderiam ser as culturas do futuro, e outras que poderiam fornecer remédio úteis – se tivessem a chance de sobreviver.

★ ***Comparada com a conservação animal, a vegetal ainda está engatinhando***, mas os botânicos envolvidos nesse trabalho contam com algumas vantagens. Uma delas é que, ao cont rio dos animais, as plantas raras geralmente podem ser REPRODUZIDAS ATRAVÉS DE PARTES ou mesmo de pequenos grupos de células, permitindo a produção de centenas ou milhares de indivíduos a partir de um único ser.

Outra característica das plantas é que suas

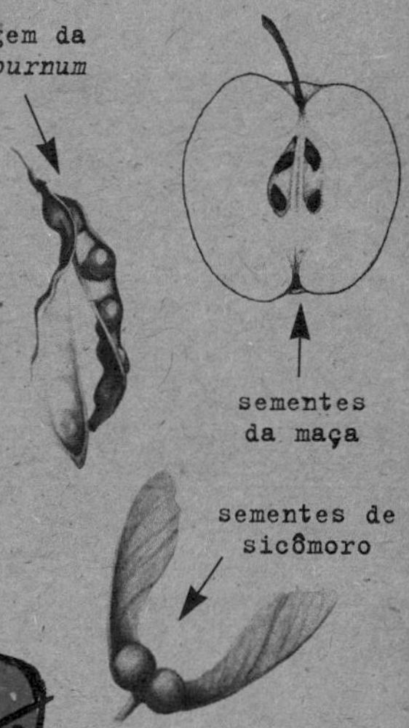

sementes são bastante duráveis – fornecendo mais uma chance de evitar sua extinção.

PLANTAS NO BANCO

* OS BANCOS DE PLANTAS foram originalmente criados para desenvolvimento de novas variedades de culturas. Em um banco de sementes, a temperatura e a umidade são mantidas em nível baixo, criando condições que permitem a sobrevivência de muitas sementes por mais de 50 anos. Como as sementes são compactas, milhares de espécies podem ser armazenadas em área relativamente pequena, originando um depósito latente, pronto para ser trazido à vida.

um banco de sementes é uma forma de ajudar a evitar a extinção das plantas

* A ameaça de aquecimento global deu caráter de urgência à formação dos bancos de sementes, trabalho que envolve botânicos de todas as partes do mundo. Os coletores que trabalham para o BANCO DE SEMENTES DO MILÊNIO, com sede no Royal Botanic Gardens em Kew, Londres, esperam reunir sementes de 10% das espécies vegetais do mundo até o ano 2010.

* ***Reunir sementes não é o mesmo que preservar as plantas na natureza, mas cria um espaço valioso onde os vegetais podem respirar nessa época de rápidas mudanças ambientais.***

OS SOBREVIVENTES

Muitas das plantas mais ameaçadas do planeta são hoje tão raras que somente um espécime vivo é conhecido na natureza. Entre esses últimos sobreviventes está a oliveira de Santa Helena, da ilha de Santa Helena, no sul do Oceano Atlântico, e o café marrom, uma planta da ilha Rodrigues, no Oceano Índico.

DE VOLTA À NATUREZA

★ Como a destruição de hábitats é a principal causa da extinção, a melhor forma de proteger as espécies ameaçadas é preservar seu meio ambiente natural. Cerca de 6% da superfície da terra estão hoje sob algum tipo de proteção, junto com um continente inteiro – a Antártida. Isso é um bom começo, mas muitos ecólogos acham que seria necessário proteger, pelo menos, 10% do planeta.

TURISTAS PARA O RESGATE?

Será que os ecoturistas podem ajudar a salvar os hábitats ameaçados? Depois de dez anos de crescimento dessa nova forma de turismo, a resposta adequada parece ser o "sim". Nos países em desenvolvimento, como Costa Rica, Quênia e Sri Lanka, a receita gerada pelo turismo está ajudando a proteger parques nacionais e as espécies que vivem ali. No entanto, o interesse dos ecoturistas está limitado a uma pequena variedade de hábitats. As savanas africanas recebem montanhas de visitantes, mas os pântanos de turfa, pouquíssimos.

O EXEMPLO DA COSTA RICA

★ A quantidade de terras reservada à vida animal e vegetal varia enormemente de país para país. Nos Estados Unidos, ela chega a 10%, mas na ex-União Soviética, é de apenas 1%. Na Costa Rica – um dos líderes em conservação – extraordinários 27% do país são PARQUES NACIONAIS E RESERVAS BIOLÓGICAS.

★ A experiência da Costa Rica destaca algumas vitórias e alguns problemas gerados por essa abordagem conservacionista. Nesse

o ecoturismo gera divisas usadas para conservar a natureza

pequeno país, o desmatamento foi selvagem. Sem os parques nacionais, a floresta tropical da Costa Rica teria desaparecido completamente. Hoje, as reservas naturais do país atraem milhares de ECOTURISTAS a cada ano, o que ajuda a gerar divisas necessárias para manter os parques. No entanto, não existem só boas notícias para a natureza. O desmatamento continua, e o sistema de parques nacionais está sempre ameaçado pela demanda por novas terras para agropecuária.

PALAVRA-CHAVE

EFEITO DE BORDA: qualquer distúrbio no limite de uma reserva natural que afete as espécies ali existentes. Os efeitos de borda incluem o barulho, a poluição e a invasão de animais domésticos.

CONTROLE DE RESERVAS

★ Recentemente, as pesquisas mostraram que calcular a área total não é o melhor modo de saber se os parques e reservas nacionais estão funcionando bem. O tamanho e forma de cada um também são muito importantes. Em geral, uma grande reserva protege um maior número de espécies do que um pequeno pedaço de terra dividido em unidades minúsculas. Isso acontece, em primeiro lugar, porque o centro de uma grande reserva está distante dos "efeitos de borda" – distúrbios resultantes da ação humana. Além disso, as reservas maiores oferecem mais oportunidades para os animais que precisam de grandes territórios: um casal de águia-harpia necessita de pelo menos 100 km^2 de floresta tropical, e é necessária uma extensão dez vezes maior para atender a um tigre macho. Para esses superpredadores, reservas pequenas são de pouca utilidade.

tigre macho

Entrada proibida

A Antártida é a única massa de terra importante protegida, com êxito, contra a introdução de espécies de fora – principalmente porque poucos estrangeiros podem sobreviver naquela região. Segundo os acordos ambientais internacionais que protegem o continente, até a introdução de bactérias é proibida.

ESTABELECENDO A LEI

* Os parques nacionais e reservas naturais ajudam a preservar a natureza local, mas não podem resolver problemas mais amplos, como a poluição do ar e as mudanças climáticas. Desde a década de 70, várias convenções internacionais foram realizadas para atacar esses e outros temas ambientais. Nenhum desses acordos é perfeito, mas muitos já provaram seu valor.

questões ambientais têm sido discutidas em escala internacional

Protegendo a biodiversidade

Em 1992, mais de 150 países assinaram a Convenção da Biodiversidade Biológica, no Rio de Janeiro, na Eco-92. Esse foi um dos mais importantes acordos internacionais já feitos embora suas recomendações não tenham caráter obrigatório e são, portanto, amplamente ignoradas.

LIMPANDO O AR

* *O Protocolo de Montreal sobre Substâncias que Destroem a Camada de Ozônio, assinado em 1987 e ampliado em 1990 e 1992, é um exemplo de acordo bem-sucedido*. Segundo suas cláusulas, mais de 90 países concordaram em PÔR FIM, ATÉ O ANO 2006, À PRODUÇÃO DE PRODUTOS QUÍMICOS QUE DESTROEM A CAMADA DE OZÔNIO. A liberação de CFCs (páginas 144-145) diminuiu sensivelmente, embora a recuperação da camada de ozônio ainda demore muitos anos para acontecer.

* Comparado aos CFCs, o dióxido de carbono tem sido muito mais difícil de controlar. Muitos governos já aceitam que níveis elevados de dióxido de carbono provocam o aquecimento global mas, como ele é subproduto

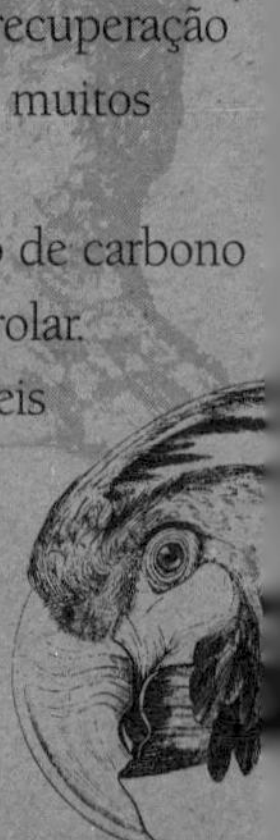

quem é o bonitão?

nevitável do uso de combustíveis fósseis, FICA DIFÍCIL REDUZIR SUA PRODUÇÃO MUNDIAL. Em 1997, por meio do Protocolo de Kioto, firmado durante a Convenção das Nações Unidas sobre Mudanças Climáticas, os países industrializados se comprometeram a reduzir as emissões de dióxido de carbono em 5% até o ano de 2010. Muitos ecólogos consideram essa porcentagem MODESTA DEMAIS. Mas, em 1998, negociações realizadas em Buenos Aires mostraram que atingir os objetivos moderados do protocolo já vai ser um negócio difícil e polêmico.

PROTEGENDO A NATUREZA

★ Outros acordos abordaram os problemas da chuva ácida, poluição do mar, uso da água e tráfico de espécies ameaçadas – tanto vivas quanto mortas. A Convenção do Comércio Internacional de Espécies Ameaçadas da Flora e da Fauna, mais conhecida como CITES (*Convention on International Trade in Endangered Species of Wild Fauna and Flora*), teve início em 1975. De acordo com suas cláusulas, está proibido qualquer comércio de mais de 800 espécies sob ameaça iminente de extinção e são impostas duras restrições à comercialização de outras 30.000 que estão sob risco potencial.

★ De todos os pontos de vista, a CITES foi um dos CAPÍTULOS MAIS BEM-SUCEDIDOS da história da preservação. Sem ela, alguns dos animais mais ameaçados do planeta – como o rinoceronte preto – já estariam extintos.

COMÉRCIO LIBERADO?

O comércio do marfim mostra como é difícil estabelecer regras para salvar a natureza. Em 1989 – em resposta à grande diminuição da população de elefantes na África –, os membros da CITES concordaram em proibir quaisquer vendas de marfim. Mas, em meados da década de 90, Namíbia, Botsuana e Zimbábue argumentaram que a única forma de salvar os elefantes seria liberar a comercialização de pequenas quantidades de marfim, de forma que eles pudessem "pagar a sua parte". Os conservacionistas ficaram – e ainda estão – seriamente divididos a respeito dessa questão, mas os membros da CITES concordaram em deixar os três países vender marfim a partir de 1999, em caráter experimental.

a conservação é um assunto que emociona

PRESSÃO POR AÇÕES

*** Nas três últimas décadas, políticos e industriais tiveram que aprender a lidar com os novos e poderosos jogadores do time da proteção ambiental. Compostos por voluntários e financiados por doações particulares, os grupos de pressão, como o Greenpeace e os Amigos da Terra, marcaram pontos importantes chamando a atenção para a agenda ambientalista.**

os protestos ambientais agora são comuns

TRUQUES SUJOS

O navio do Greenpeace, *Rainbow Warrior*, foi afundado no Porto Auckland, Nova Zelândia, em 10 de julho de 1985, pouco antes de partir para o Atol Muroroa, no Pacífico, como parte de um protesto contra o teste de armas nucleares francesas. Uma investigação conduzida pela polícia da Nova Zelândia revelou que o navio tinha sido atingido por bombas plantadas por agentes da inteligência francesa, o que detonou um escândalo internacional.

APOIANDO OS VERDES

* *O Greenpeace foi fundado no Canadá, em 1971. O objetivo original da organização era evitar os testes de armas nucleares nas ilhas Aleutas, mas sua atuação foi logo ampliada, incluindo muitos outros temas ambientais, como a caça às baleias e o lixo tóxico.* Campanhas criativas, habilidade em lidar com a mídia e rápido crescimento do número de associados fizeram do Greenpeace uma entidade difícil de ser ignorada.

* Desde o início, grupos de pressão como o Greenpeace e os Amigos da Terra tornaram-se pedra de toque do "movimento" ambientalist

Antes desprezados como excêntricos pós-*hippies*, formam, hoje, organizações internacionais importantes.

PAZ TUMULTUADA

★ Com o acelerado crescimento dos grupos ambientalistas – estimativas relacionam 6.000 só nos Estados Unidos – os conflitos entre ativistas e inimigos do movimento são inevitáveis. Em algumas questões, como na caça às baleias, os fatos estão razoavelmente bem definidos mas, em outras, a situação não é tão simples assim. Na década de 90, por exemplo, o Greenpeace lançou uma campanha para evitar que a Brent Spar, uma supérflua fábrica de petróleo localizada no mar do Norte, no Atlântico Norte, fosse afundada. Os ativistas alegavam que ela iria poluir o leito do mar e criar um precedente para a formação de depósitos de lixo semelhantes no futuro. Embora a campanha tenha tido sucesso, muitos especialistas em indústrias petrolíferas – e alguns ambientalistas – ainda acreditam que o desmonte dessas estruturas gigantescas nas águas da costa é mais poluente do que jogar a plataforma inteira no fundo do mar.

★ Dificuldades como essas continuarão a existir no próximo século, à medida que uma série de complexos problemas for abordada. Mas, como o serviço de inteligência francês descobriu em 1985, quando afundou o *Rainbow Warrior*, organizações como o Greenpeace já fazem parte da vida. Explodir a oposição não dá fim aos opositores nem a seus argumentos.

PALAVRA-CHAVE

PRINCÍPIO PREVENTIVO: princípio que defende que qualquer novo desenvolvimento que possa representar uma ameaça ao meio ambiente ou à saúde humana deve ser tratado como prejudicial até prova em contrário.

"Não duvide de que um pequeno grupo de cidadãos inteligentes e comprometidos possa mudar o mundo. Na verdade, é a única coisa capaz de fazer isso."
Margaret Mead (1901-1978), antropóloga norte-americana.

A TERRA DO FUTURO

★ Em 1900, seria difícil alguém prever o crescimento fenomenal do impacto ambiental da humanidade nos 100 anos seguintes. Hoje, no começo do século XXI, ecólogos e ambientalistas têm a mesma dificuldade em prever quando – e com que rapidez – essa tendência deve ser revertida.

quem sabe o que o futuro nos reserva?

O DOBRO OU NADA

★ Esse exercício de futurologia depende da forma como é entendida a "equação do impacto" (página 108). É quase certo que a população humana será duplicada em algum momento do próximo século, o que, por si só duplicaria o nosso impacto ambiental como espécie. Mas o resultado também será afetado pelas mudanças na forma como as pessoas vivem. Se as novas tecnologias conseguirem diminuir nosso uso de energia e matéria-prima, existe uma chance de que nosso impacto geral seja reduzido – mas apenas se essas tecnologias forem usadas no mundo todo.

ainda estou procurando pistas

GANHADORES E PERDEDORES

★ Será que essa situação promissora pode ser alcançada? Olhando para o passado, encontramos algumas pistas. Historicamente, o impacto ambiental da humanidade diminuiu apenas quando os números da população caíram subitamente – por exemplo, durante o século XIV, quando o surgimento de uma praga varreu a Europa. Existem poucos precedentes para o efeito oposto – melhoria das condições ambientais quando a população aumenta.

★ Por isso, muitos ecólogos acreditam que a proteção ambiental dependerá de uma operação de controle populacional que estabilize o número de habitantes, o que, segundo eles, aconteceria dentro de uns 50 anos. De acordo com os otimistas, depois que a população parar de crescer, uma nova era de estabilidade ecológica poderá ter início. Para as previsões mais pessimistas, esse estado de equilíbrio parece bom demais para ser verdade.

ABRINDO OS OLHOS

★ Seja qual for o futuro, os últimos 100 anos nos deram uma lição inesquecível: apesar das nossas excepcionais qualidades como espécie, não podemos escapar das complexas redes de relações ecológicas que afetam toda a vida no planeta Terra. Nas palavras mordazes de Mikhail Gorbachev, ex-presidente da União Soviética e especialista em situações desfavoráveis, "a ecologia nos pegou de cheio".

MICROCOSMOS

A ilha da Páscoa – famosa por suas enigmáticas estátuas de pedra – demonstra bem o que pode acontecer quando a reação em cadeia do prejuízo ambiental sai do controle. Quando os polinésios se estabeleceram na ilha pela primeira vez, provavelmente no século IV d.C, ela era coberta de florestas. Em 1.000 anos, a população chegou a mais de 5.000 e a floresta desapareceu rapidamente. Em 1722, quando os europeus chegaram à ilha, o alimento e a madeira eram escassos. As últimas árvores foram derrubadas no século XIX, e hoje os habitantes da ilha – antes auto-suficientes – dependem do mundo exterior para sobreviver.

Mikhail Gorbachev

*A

*B

*C

*D

*E